WENLI JIANBEI
ZHANG RONGXIN JIAOSHOU WENJI

文理兼备
——张荣欣教授文集

张荣欣 编著
吕辉 整理

上海大学出版社
·上海·

图书在版编目(CIP)数据

文理兼备：张荣欣教授文集 / 张荣欣编著；吕辉整理. —上海：上海大学出版社，2022.10
ISBN 978-7-5671-4545-0

Ⅰ.①文… Ⅱ.①张… ②吕… Ⅲ.①数学—文集 Ⅳ.①O1-53

中国版本图书馆 CIP 数据核字(2022)第 190209 号

责任编辑　位雪燕
封面设计　柯国富
技术编辑　金　鑫　钱宇坤

文理兼备——张荣欣教授文集

张荣欣　著

上海大学出版社出版发行
(上海市上大路99号　邮政编码200444)
(https://www.shupress.cn 发行热线 021-66135112)
出版人　戴骏豪

*

南京展望文化发展有限公司排版
商务印书馆上海印刷有限公司印刷　各地新华书店经销
开本 710mm×1000mm　1/16　印张 16　字数 254 千字
2022 年 10 月第 1 版　2022 年 10 月第 1 次印刷
印数：1～1100
ISBN 978-7-5671-4545-0/O·72　定价　68.00 元

版权所有　侵权必究
如发现本书有印装质量问题请与印刷厂质量科联系
联系电话：021-56324200

张荣欣教授

1987年，张荣欣任上海科学技术大学教务处处长时于校标前留影

1989年,张荣欣(左四站立者)任团长率领上海大中型企业厂长、经理去日本研修实习。图为日本靖江市长举行欢迎会

1990年,张荣欣(左四)在西班牙马德里综合大学参加合作研究。左起:中国博士生张飞,上海科学技术大学校长郭本瑜,马德里综合大学理学院院长卢易斯·瓦斯盖司

1984年,张荣欣(左三)和精密机械专家组成员研究制定国家标准的理论基础问题

1992年,西班牙马德里综合大学统计学院院长伯拉斯盖司(左)访问上海科学技术大学,与张荣欣在原上海科学技术大学宾馆前合影

1994年,张荣欣(左三)和原上海科学技术大学教务处副处长孙元骁(左一)、梅发生(左二)、马名权(左四)一起研究全校教学计划

1992年，张荣欣、杜卧薪夫妇在上海科学技术大学

1995年,张荣欣(二排左四)陪同上海大学领导钱伟长校长(二排左六)、吴程里书记(二排左七)参加上海大学继续教育学院学生毕业典礼

1997年,上海大学新校区工程奠基仪式。左起:陈明仪、龚振邦、卢志杰、史宗法、张荣欣、魏光普

原上海科学技术大学部分教授合影。前排左起：贺国强、凃仁进（美国教授）、郑权、张荣欣。后排左起：史定华、孙世杰、许梦杰

张荣欣与上海大学继续教育学院的同事合影。左起：徐承强，张荣欣，王安泰，李道兴，朱莲华

上海大学继续教育学院退休党支部参观上海历史博物馆。左起：王绳绳、张荣欣、屠业驹

2004年12月,上海婺源籍乡友赴家乡考察团合影留念。前排左六为张荣欣

2006年12月,厦门大学张鸣镛教授诞辰八十周年纪念会。前排右七为张荣欣

2013年，张荣欣和夫人杜卧薪参观哈佛大学

2013年，张荣欣和夫人杜卧薪参观普林斯顿大学

2013年，张荣欣参观耶鲁大学

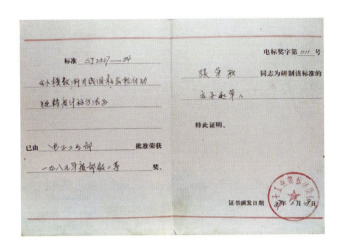

由上海市普通高等学校优秀教学成果评审委员会评定，经我局批准，张荣欣 同志的 开展教学研究，深化教学改革 获得上海市一九八九年优秀教学成果 优秀 奖。特发此证

上海市高等教育局
一九八九年十二月卅日

姓 名	张荣欣	奖励种类	记大功
性 别	男		
单 位	上海科大	批准单位	
职 务	副教授	证书编号	870010-7

一九八七年七月八日

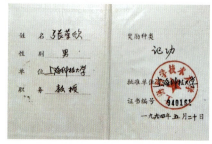

姓 名	张荣欣	奖励种类	记功
性 别	男		
单 位	上海科技大学	批准单位	上海科技大学
职 务	教授	证书编号	940162

一九九四年五月二十日

张荣欣 同志：

你参加研究的 忠航随机动精度的计算方法 课题，荣获上海科技大学198 5 年度科技成果 式 等奖。

课题组成员名单：
课题负责人：葛振邦
课题组成员：张荣欣

上海科学技术大学
1985年12月 日

张荣欣 同志：

你参加研究的 谱演其偏估动喘变和功灵移动分析 及偏估方法的信号精度分析 课题，荣获上海科技大学198 9 年度科技成果 式 等奖。

课题组成员名单：
课题负责人：杨麟治
课题组成员：张振邦 张荣欣
　　　　　　苏元凯 吕惠文
　　　　　　肖荣棠 沙鸿祺

上海科学技术大学
1989 年1月 日

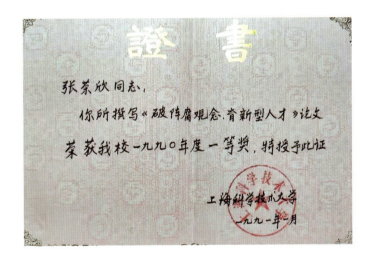

沪科大教(84)第059号

上海科学技术大学（　）

关于授予张荣欣1983—1984学年
校教学优秀奖一等奖的决定

张荣欣，数学系讲师。多年来承担繁重的教学任务，并设过七门以上课程，教学效果突出，编有讲义多种。1979年被学生评为优秀教师。81年、82年曾先后在系和校内进行公开观摩教学。讲课条理清楚，重点突出，富有启发性和趣味性。近几年来，他在发现式和研究式教学方法、培养学生自学能力和研究能力方面做了尝试，受到学生欢迎。该同志热心教学研究，近几年，发表教学研究论文八篇，其中有五篇被市高教平台采用或发表在市级刊物上，文章有创见，还被兄弟院校选作学习资料或转载。

经选评，特授予1983—1984学年校教学优秀奖一等奖。

政协委员通知书

张荣欣 同志：

根据中国人民政治协商会议章程第四章第四十条规定，经政协婺源县第八届委员会常务委员会协商，确定你为政协婺源县第八届委员会委员。

特此通知

中国人民政治协商会议婺源县委员会
2005年1月24日

婺源县教育局

婺教提字[2005]2号　　　　　　　　分类：B

对县政协八届三次会议第30号提案的答复

张荣欣教授：

您的关于《强化婺源中小学英语教学的关键是提高英语教师的教学水平，对中小学英语教师就地进行全面培训和选拔教师外出深造，既合基础性、又具迫切性》提案收悉，现将办理结果答复如下：

非常感谢您对婺源教育的关心与支持。您身在上海，系家乡，关注婺源未来的拳拳之心令我们每一位教育工作者深受感动和鼓舞。

PREFACE 序一

八月的天气,骄阳似火。尤其是今年的上海特别溽热,气温屡破40℃。已是八十开外的张荣欣教授,却笔耕不辍,伏案写作,真可谓宝刀未老、精神可嘉!

1993年7月,我从上海交通大学调入上海科学技术大学任党委副书记,主持党委工作。张教授为人诚恳、工作热情、思想活跃的特长众所周知。记得有一次,在中层干部会议上,张老师的发言给我的感觉是:逻辑思维清晰,说服力强。我暗暗自忖:怪不得人们称他是"学者型干部"!

还记得1994年新上海大学成立后,党委决定张老师担任新上大首任成人教育学院(后称继续教育学院)院长,当时我代表组织找他谈话。当我宣布党委决定后,张老师二话没说,坚决服从分配!当时,我还半开玩笑地说:"你任教务处正副处长兼高教研究室主任长达十年,发表了许多文章,现在是实践你的理论与观点的时候了。你把成人教育学院当作你的实验基地吧,可谓自己出题自己来答题!"

拜读了《文理兼备——张荣欣教授文集》后,我进一步了解了张荣欣教授。《文集》分为三大部分、36篇文章,图文并茂,约计30万字。作者在前言中写道,他一生热爱数学、热爱教育、热爱文学。我们从《文集》的字里行间,感悟到了他那用心、用情、用力的"三热爱"的情怀与事迹。

《文集》第一部分6篇文章,主要是数学与应用论文选登。张教授从厦门大学数学系毕业后,分配到上海科学技术大学任数学教师25年。他既从事教学又从事科研工作,担任本科生和研究生导师,从事现代控制理论与应用研究、随机过程的应用研究,教学、科研都取得显著成绩。

《文集》第二部分18篇文章是关于高等教育与教学研究内容。尽管大多发表于20世纪八九十年代,但今天阅读起来仍有很强的时代感、前瞻性,对当今教育富有指导意义与借鉴作用。

《文集》中尖锐地点出教育的弊端:"我国大学生有两强两弱:考试能力强,独立工作能力弱;储藏知识的意识强,独创精神弱。"一针见血地揭露了教育中存在的重分数轻能力培养、重理论轻实践锻炼、重教学轻科研、重教书轻育人等倾向。

《文集》中多次提到要致力提高课堂教学质量,认为衡量教学质量的标准是:"就一个学校而论,学生未来的发展状态,可以说是该校教学质量的镜子。因此,我们应当把怎样才有利于造就人才,作为衡量课堂教学质量的出发点。"为了提高课堂教学质量,教务处组织教师进行专题讨论,成立以老教授组成的听课小组,坚持在学生中进行问卷调查,举行公开观摩教学等。

《文集》中着重要求教师在教学过程中发挥教书育人作用。张教授指出:"教学永远具有教育性。思想教育和知识教育统一的规律,是教学过程的一般规律之一。所谓教学的教育作用,主要体现在教师的作用和知识的作用上。高等教育发挥教学的教育作用,有着巨大的潜力。充分挖掘这一潜力,动员、教育、组织全体教师在教书育人方面作出贡献。"

《文集》中强调,在教学过程中要把学习与创造结合起来,张教授指出:"现代高等教育的任务,就是为社会培养和输送全面发展的创造型的高质量人才。"为了培养创造性人才,作者大声疾呼:"要加强创造精神和创造能力的培养,就必须把学生从分数的束缚中解放出来。""要尽早地引导大学生参加研究活动,鼓励和指导他们有所创见和创新,去取得优异的研究成果。"

《文集》中提出,为了提高教学质量,必须进行教学方法改革。作者认为:教学方法对教学过程的方向性,乃至对教学目的都会产生深刻的影响。教学方法的一般理论和认识论、逻辑学、心理学、生理学以及学科方法论密切相关。大学基本的教学方法是讲授教学法、自学教学法、问题教学法和实验教学法四种方法,其他教学方法大体上是这四种方法的综合、交叉和发展。

为了建设有特色的大学,上海科学技术大学多次进行了专业调整,取得良好效果。《文集》中涉及了关于如何进行专业调整的见解与做法。

可喜的是,在学校的领导下,在张教授的全面负责下,原上海科技大学教务处于1994年获得全国先进教务处的荣誉。由张教授任新上大首任院长的成人教育学院,面对成人教育在改革办学体制、转化机制、确保教学质量、归口管理、经费管理等各类新课题,经过调查研究和专题论证,制定了成教发展规划和一系列教学管理文件,使成教工作出现勃勃生机,规模和质量管理水平处在上海成人高等教育前列,为未来的全面发展打下良好基础。

《文集》第三部分12篇文章,主要是纪念述评与旅游写作。作者抱着感恩之情,对影响、教育、培养他的专家、师长表达了无限的仰慕与思念。从著名数学家华罗庚,到厦门大学校长王亚南;从张鸣镛教授,到郑权教授;从读初三时语文老师兼班主任罗奋先,到读高中时的语文老师周起凤、数学老师孙传方等。高山仰止,景行行止。恩师崇高的人格魅力,永远激励着像张荣欣那样的学子们,也激励他选择教师作为终身职业,并永远去追求崇高的师表:"师者,人之模范也。"

写到这里,我不禁想起了捷克斯洛伐克教育家夸美纽斯的名言:教师是太阳底下最光辉的职业!在教育战线,一代又一代、一茬又一茬的教育工作者,为了培养社会主义建设者和接班人,呕心沥血、无怨无悔地贡献一生!他们用自己的行动,诠释了"太阳底下最光辉职业"!

《文理兼备——张荣欣教授文集》的问世,又为我们提供了一份佐证和典型。

是为序。

毛杏云
上海大学原党委副书记、研究员
2022年8月8日

PREFACE 序二

　　张荣欣教授的求学和从教生涯,是生命不止、自强不息的生动写照。尤其难能可贵的是,他在顺境中自强不息,在逆境中愈加发奋图强,成为一位优秀的人民教师。

　　张荣欣教授1938年出生在江西省婺源县城一个中医世家。1951年,年仅13岁的他翻山越岭,离乡背井,三日步行三百里,远赴安徽屯溪求学,并于次年顺利考上皖南名校男高中。三年的刻苦学习使他全面发展,语文数学成绩在年级中名列前茅。高中毕业考试,他的作文获得全校第一名。

　　1955年,他响应学好数理化的国家号召,顺利考入厦门大学数学系。在大学求学的四年里,他受到张鸣镛、李文清、方德植等名师的指导,同时受到陈景润夜以继日潜心钻研精神的激励,张荣欣刻苦学习,为未来的教学科研工作打下了扎实的基础。除了发奋学习,他兴趣广泛,多才多艺,曾任厦大话剧团团长,时常在校刊上发表诗作,是一位全面发展的优秀学子。

　　1959年,张荣欣从厦大毕业后分配到上海科学技术大学数学系任教,多年主讲物理系的高等数学。"文革"结束后,他为全校理工科中青年教师开设教师进修班,主讲工程数学。他参加筹建上海科学技术大学的应用数学专业,并开设概率统计与随机过程、现代控制论的数学方法以及离散时间系统滤波专题等多门课程。他讲究教学方法,注重启发式教育,强调学生能力的培养,教学效果突出。除了课程教学以外,他还指导本科生和硕士生的毕业论文。他曾开设全校公开观摩课,教学质量广受好评。

　　张荣欣教授积极开展教学研究,发表了多篇教学研究论文,受到上海市和其他高校教育专家的好评。他在设置课堂教学质量指标、开发学生能力、培养学生的创造精神和创造能力、加强教材建设等方面取得了富有前瞻性和科学性的研究成果，获得市级优秀证书奖励。他数次获得上海科学技术大学教学优秀一等奖，并获上海市1989年优秀教学成果优秀奖。

科学研究是优质教学的源头活水，张荣欣教授注重教学科研相互促进，主张把科学研究的新方法和成果及时引入教学。他积极参加概率论方面的学术研讨班，开展现代控制论的研究，并在克服滤波发散方面取得了不俗的研究成果，特别是把限定记忆滤波和加权滤波相结合，成效显著。他还对非线性滤波方法开展了实时滤波方法的研究，并给出限定记忆最优滤波递推公式的一种直观和简洁的证明方法。

张荣欣教授和龚振邦教授合作，出色完成了两项电子机械工业部的科研项目。他运用随机过程理论研究小模数渐开线圆柱齿轮在固定和可调中心矩下传动精度的计算方法，研制了两个部级标准，具有重要的实用价值。他以主要参与者身份获电子机械工业部部级二、三等科技进步奖，并多次获校科技成果奖。

张荣欣教授自1984年起担任上海科学技术大学教务处正副处长十年，始终坚持双肩挑，一直承担教学任务。1992年，他获批享受政府特殊津贴，并获得国务院颁发的荣誉证书。1994年，他领导的上海科学技术大学教务处被评为全国先进教务处。

张荣欣教授先后在上海科学技术大学和上海大学执教近40年，在学术研究、教书育人、教学管理等方面齐头并进，硕果累累，表现出多方面的才干和过人的胆识。他干工作兢兢业业，勤勤恳恳；做学问脚踏实地，一丝不苟；对学生润物无声，循循善诱；待朋友热情真诚，虚怀若谷。

张荣欣教授曾出国开展合作研究，并利用学术休假出国访学。退休后，他访问参观过美国多所长春藤大学，研究比较中美高等教育发展的异同及各自特色。1989年，他曾带领上海部分大中型企业的厂长、经理到日本研修实习。

上海科学技术大学和上海工业大学等其他三校合并后，张荣欣教授担任新成立的上海大学的成人教育学院院长。他充分利用上海大学的综合实力，把继续教育学院办得风生水起，使上海大学成为上海继续教育的新高地。退休后，他和许多老教师一样，关心国家大事，努力学习，自强不息，紧跟新时代的发展步伐，为"满目青山夕照明"再添光彩！

陶宗英

上海交通大学数学科学学院教授

2022年8月26日

FOREWORD 前言

我的一生比较简单。从小学到中学、大学,又从大学毕业分配到另一所大学任教任职,总是从学校到学校。

其实,我的一生并不简单。它跨越了新旧社会,见证了抗日战争、解放战争和其他保家卫国战争,经历了各种重要的历史阶段和运动,经过风雨,见过世面。况且,我求学和工作的足迹,也涉及我国南方三省一直辖市。我小学在江西,高中在安徽,大学在福建,工作在上海。

比较不一般的是,我从厦门大学数学系毕业分配到上海科学技术大学任数学教师25年。1984年起,除继续任教外,我又任上海科学技术大学教务处副正处长十年,后任上海大学继续教育学院院长四年。我从小热爱文学,比较喜欢舞文弄墨,这样就有了三个热爱:热爱数学,热爱教育,热爱文学。活到八十多岁的我,也留下这三部分的痕迹。这本文集,包括了部分数学论文、高等教育和教学研究的论文,以及一些文学方面的习作。

科研论文,一半是研究克服滤波的发散问题,另一半是运用随机过程理论研究精密机械传动精度的问题。

关于基本教育思想、教学原则和教学方法,尽管这些论文发表于多年以前,但我自信并未过时,只不过在新的时代应该有新的内容。

至于文学习作,大多是纪念著名学者,缅怀恩师和好友。还有几篇游记和述评,记载了作者的生活情怀和情趣。

借此机会,作者深深感谢上海大学原党委副书记毛杏云研究员为文集撰写精彩序言。也真诚感谢我的挚友、上海交通大学陶宗英教授为文集书写科学述评和作者简要生平。同样，十分感激作者的老同学和好友对文集的称赞和鼓励。

作者由衷感谢继续教育学院的领导特别是王惠珏副院长的关心和鼓励，并在此感谢吕辉老师的出色贡献。吕老师做了大量艰辛、细致的资料整理工作和文字版、电子版的编辑打印校对和传送工作。

作者衷心感谢上海大学出版社的大力支持和指导，他们为本书早日出版作了翔实的安排和优良的设计。

作者要特别感谢我的妻子杜卧薪副教授。长期以来，她一直关心支持我的研究和写作。她在认真完成教学任务的同时，几乎承担了全部家务，让我集中精力从事教学、科研和行政工作。

最后，要特别说明的是，由于作者的不少论文发表时间比较久远，此次收录本书时对论文中的注释和参考文献进行了规范处理。

张荣欣

2022年8月27日

目录

数学与应用论文选登

限定记忆加权滤波方法 3

非线性系统的一种滤波方法 15

加权滤波分析 19

可调中心距齿轮副空程的理论分析和计算 31

传动精度工程分析中的几个理论问题 40

齿轮链传动精度的动态分析和计算 51

高等教育与教学研究

破陈腐观念　育新型人才 71

改革教育思想　促进教材建设 76

理科专业向应用性分流的实践与思考 81

调整专业结构　适应社会经济发展 86

理顺体制强化管理　发展成人高等教育 91

论高等院校自然科学课堂教学的质量 96

开创高等院校思想教育和教学的新局面 103

端正教育思想是搞好教学改革的基础 113

试论创造精神与创造能力的培养 ………………………………… 119
试论创造教育 ……………………………………………………… 128
论教学风格 ………………………………………………………… 135
大学教学方法述评 ………………………………………………… 144
通才 专才 人才 …………………………………………………… 150
数学史拾穗 ………………………………………………………… 155
试论极限概念的辩证本质 ………………………………………… 161
试论概率论的辩证本质 …………………………………………… 168
关于克服滤波发散部分教学内容的处理 ………………………… 175
从高分低能说起 …………………………………………………… 181

纪念述评与旅游写作

纪念华罗庚 ………………………………………………………… 185
深切怀念王亚南校长 ……………………………………………… 188
数学宿星的陨落 …………………………………………………… 191
深切缅怀郑权教授 ………………………………………………… 193
回国选购礼物的变化 ……………………………………………… 195
老年述评 …………………………………………………………… 197
神奇的黄石国家公园 ……………………………………………… 199
诗二首 ……………………………………………………………… 201
  登上鼓浪屿的日光岩 ………………………………………… 201
  上海科学技术大学校歌歌词 ………………………………… 202
洛杉矶盖蒂博物馆观感 …………………………………………… 204
白兰花 ……………………………………………………………… 206
初游佛罗里达 ……………………………………………………… 207
我的青少年和恩师 ………………………………………………… 209

专家挚友来鸿评价

《世界名人录》述评 ·· 215
《中国专家》述评 ·· 216
上海交通大学教育专家宓洽群先生对张荣欣的教学研究论文的评价摘要
··· 217
张荣欣教授大学时的二三事 ·· 218
我敬佩的人 ·· 221

后记 ·· 224

数学与应用论文选登

限定记忆加权滤波方法*

一、前言

限定记忆滤波方法是克服滤波发散的一种有效方法[1-3]。然而,限定记忆滤波法也存在一定的缺陷,主要是存贮历史量测数据的数目要和记忆长度相等,递推计算会造成计算误差累积的发散。为了克服前者的不便,可用限定记忆次优滤波方法;为了克服计算误差累积的发散和改善系统误差,本文提出一种限定记忆加权滤波方法。这种方法把限定记忆滤波法和加权滤波法有机结合起来,方法简便,效果良好。

本文还给出了限定记忆最优滤波递推公式的另一种证明。这种证明,相对于文献[2]、[3]的证明来说,比较直观、自然和简单。

二、限定记忆最优滤波递推公式

考察 n 维不含动态噪声的动态系统和 m 维量测系统

$$X_k = \Phi_{k,k-1} X_{k-1} \tag{1}$$

$$Z_k = H_k X_k + V_k, \quad k \geqslant 1 \tag{2}$$

设 $EV_k = 0$,$EV_k V_j^\tau = R\delta_{kj}$,$\delta_{kj} = \begin{cases} 1, & k=j \\ 0, & k \neq j \end{cases}$;又设初始状态 X_0 是与 $\{V_k\}$ 互不相关的随机向量,其统计特征为 $EX_0 = \mu_0$,$\mathrm{Var} X_0 = P_0$;并且假设 X_k 相对于 T 个量测 $Z_{k-T+1}, Z_{k-T+2}, \cdots, Z_k$ 是完全可观测的。

---

* 本文合作者:张贤福,原文发表于《高等学校计算数学学报》,1983(3):248-257.

在以下的讨论中,用 $\hat{X}_k$ 及 P_k 分别表示 X_k 的增长记忆的最优滤波和滤波误差方差阵,以 $\hat{X}_T(k)$ 及 $P_T(k)$ 分别表示当 $k > T$ 时 X_k 的记忆长度为 T 的限定记忆最优滤波和相应的滤波误差方差阵。

定理 1 系统(1)和(2)的记忆长度为 T 的限定记忆滤波,当 $k > T$ 时,可由下面的递推公式进行计算:

$$\hat{X}_T(k) = \Phi_{k,k-1}\hat{X}_T(k-1) + K_k[Z_k - H_k\Phi_{k,k-1}\hat{X}_T(k-1)] - \overline{K_k}[Z_d - H_d\Phi_{d,k-1}\hat{X}_T(k-1)] \tag{3}$$

式中,$d = k - T$。

$$K_k = P_T(k)H_k^\tau R_k^{-1} \tag{4}$$

$$\overline{K_k} = P_T(k)\Phi_{d,k}^\tau H_d^\tau R_d^{-1} \tag{5}$$

$$P_T(k) \equiv E\widetilde{X}_T(k)\widetilde{X}_T(k)^\tau = [P_T(k|k-1)^{-1} + H_k^\tau R_k^{-1}H_k - \Phi_{d,k}^\tau H_d^\tau R_d^{-1}H_d\Phi_{d,k}]^{-1} \tag{6}$$

式中,$\widetilde{X}_T(k) = X_k - \hat{X}_T(k)$。

$$P_T(k|k-1) = \Phi_{k,k-1}P_T(k-1)\Phi_{k,k-1}^\tau \tag{7}$$

且公式(6)可用以下两式来代替

$$D_k \equiv P_T(k|k-1) + P_T(k|k-1)\Phi_{d,k}^\tau H_d^\tau [R_d - H_d\Phi_{d,k}P(k|k-1)\Phi_{d,k}^\tau H_d^\tau]^{-1}H_d\Phi_{d,k}P_T(k|k-1) \tag{8}$$

$$P_T(k) = D_k - D_k H_k^\tau (R_k + H_k D_k H_k^\tau)^{-1} H_k D_k \tag{9}$$

当 $k < T$ 时,在以上诸式中置 $H_d = 0$,并取 $\hat{X}_T(0) = \mu_0$,$P_T(0) = P_0$,此时,$\hat{X}_T(k) = \hat{X}_k$,$P_T(k) = P_k$。即 $\hat{X}(k)$ 就是 X_k 的 Kalman 滤波。

当 $k = T$ 时,对 $\hat{X}_T(T)$ 及 $P_T(T)$,要作如下修正:

$$P_T(T) = (P_T^{-1} - \Phi_{0,T}^\tau P_0^{-1}\Phi_{0,T})^{-1} \tag{10}$$

$$\hat{X}_T(T) = P_T(T)(P_T^{-1}\hat{X}_T - \Phi_{0,T}^\tau P_0^{-1}\hat{X}_0) \tag{11}$$

证 对于系统模型(1)、(2),由熟知的 Kalman 滤波递推公式容易得到:

$$\hat{X}_k = P_k(\Phi_{0,k}^\tau P_0^{-1}\hat{X}_0 + \sum_{i=1}^k \Phi_{i,k}^\tau H_i^\tau R_i^{-1} z_i) \tag{12}$$

$$P_k^{-1} = \Phi_{0,k}^{\tau} P_0^{-1} \Phi_{0,k} + \sum_{i=1}^{k} \Phi_{i,k}^{\tau} H_i^{\tau} R_i^{-1} H_i \Phi_{i,k} \tag{13}$$

由于限定记忆滤波的思想,当 $k > T$ 时,只利用离 k 时刻最近的前 T 个量测 $Z_{k-T+1}, Z_{k-T+2}, \cdots, Z_k$,而完全舍弃了其余的量测。同时,为了免除 $\hat{X}_0$ 和 P_0 的影响,我们假设没有 X_0 的任何验前统计知识,这就相当于取 $P_0 = \infty I$,从而 $P_0^{-1} = 0$。为此,把式(12)、(13)右端改变为如下形式,并分别以 $\hat{X}_T(k)$ 及 $P_T(k)$ 代替 $\hat{X}_k$ 及 P_k。即令

$$\hat{X}_T(k) = P_T(k) \Big(\sum_{i=k-T+1}^{k} \Phi_{i,k}^{\tau} H_i^{\tau} R_i^{-1} z_i \Big) \tag{14}$$

$$P_T(k) = \Big(\sum_{i=k-T+1}^{k} \Phi_{i,k}^{\tau} H_i^{\tau} R_i^{-1} H_i \Phi_{i,k} \Big)^{-1} \tag{15}$$

现在证明 $\hat{X}_T(k)$ 是 X_k 基于量测 $Z_{k-T+1}, Z_{k-T+2}, \cdots, Z_k$ 的线性无偏最优估计,$P_T(k)$ 是相应的误差方差阵。令 $d = K - T$,且令

$$Z_{d+1}^{k} = \begin{pmatrix} Z_{d+1} \\ Z_{d+2} \\ \vdots \\ Z_k \end{pmatrix}, \quad \Delta_k = \begin{pmatrix} H_{d+1} \Phi_{d+1,k} \\ H_{d+2} \Phi_{d+2,k} \\ \vdots \\ H_k \end{pmatrix}, \quad \Lambda_k = \begin{pmatrix} V_{d+1} \\ V_{d+2} \\ \vdots \\ V_k \end{pmatrix} \tag{16}$$

从而

$$E\Lambda_k = 0, \quad E\Lambda_k \Lambda_k^{\tau} = \begin{pmatrix} R_{d+1} & & & \\ & R_{d+2} & & \\ & & \ddots & \\ & & & R_k \end{pmatrix} \equiv A_k$$

$$Z_{d+1}^{k} = \Delta_k X_k + \Lambda_k \tag{17}$$

并且

$$\hat{X}_T(k) = (\Delta_k^{\tau} A_k^{-1} \Delta_k)^{-1} \Delta_k^{\tau} A_k^{-1} Z_{d+1}^{k} \tag{18}$$

由式(17)、(18)知,$E\hat{X}_T(k) = EX_k$。所以 $\hat{X}_k(k)$ 是 X_k 基于量测 Z_{d+1}^k 的线性无偏估计。

另外,根据文献[2],X_k 基于量测 Z_{d+1}^k 的线性最小方差估计 $\hat{X}_{LMV}$,由式

(17)及矩阵公式,有

$$\hat{X}_{LMV} = EX_k + \operatorname{cov}(X_k, Z_{d+1}^k)(\operatorname{var}X_k)^{-1}(Z_{d+1}^k - EZ_{d+1}^k)$$
$$= EX_k + (\operatorname{var}X_k)\Delta_k^{\tau}(A_k + \Delta_k(\operatorname{var}X_k)\Delta_k^{\tau})^{-1}(Z_{d+1}^k - \Delta_k EX_k)$$
$$= ((\operatorname{var}X_k)^{-1} + \Delta_k^{\tau}A_k^{-1}\Delta_k)^{-1}(\Delta_k^{\tau}A_k^{-1}Z_{d+1}^k + (\operatorname{var}X_k)^{-1}EX_k)$$

特别,当 $P_0^{-1} = 0$ 时,有 $(\operatorname{var}X_k)^{-1} = \Phi_{0,k}^{\tau} P_0^{-1} \Phi_{0,h} = 0$,此时

$$\hat{X}_{LMV} = (\Delta_k^{\tau} A_k^{-1} \Delta_k)^{-1} \Delta_k^{\tau} A_k^{-1} Z_{d+1}^k = \hat{X}_T(k)。$$

因此,$\hat{X}_T(k)$ 是 X_k 的线性最小方差估计,即 $\hat{X}_T(k)$ 是 X_k 的最优滤波,并且在这种情况下,估计误差方差阵

$$E(X_k - \hat{X}_{LMV})(X_k - \hat{X}_{LMV})^{\tau} = (\Delta_k^{\tau} A_k^{-1} \Delta_k)^{-1} = P_T(k)$$

为了得到递推公式,由式(14)、(15)分别得到:

$$P_T(k)^{-1} + \Phi_{d,k}^{\tau} H_d^{\tau} R_d^{-1} H_d \Phi_{d,k} - H_k^{\tau} R_k^{-1} H_k = \Phi_{k-1,k}^{\tau} P_T(k-1)^{-1} \Phi_{k-1,k} \tag{19}$$

$$P_T(k)^{-1}\hat{X}_T(k) + \Phi_{d,k}^{\tau} H_d^{\tau} R_d^{-1} Z_d - H_k^{\tau} R_k^{-1} Z_k = \Phi_{k-1,k}^{\tau} P_T(k-1)^{-1} \hat{X}_T(k-1) \tag{20}$$

由(19)即得到式(6)、(7)。由式(19)还可以得到

$$\Phi_{k-1,k}^{\tau} P_T(k-1)^{-1} = P_T(k)^{-1} \Phi_{k,k-1} - H_k^{\tau} R_k^{-1} H_k \Phi_{k,k-1} + \Phi_{d,k}^{\tau} H_d^{\tau} R_d^{-1} H_d \Phi_{d,k-1} \tag{21}$$

将式(21)代入式(20),再在所得关系式两边同时左乘 $P_T(k)$,就可以得到式(3)、(4)、(5)。

同时,由式(8)及矩阵反演公式,有

$$D_k^{-1} = P_T(k \mid k-1)^{-1} - \Phi_{d,k}^{\tau} H_d^{\tau} R_d^{-1} H_d \Phi_{d,k}$$

将其代入式(6),再由矩阵反演公式,就可得与式(6)等价的公式(9)。

另外,当 $k < T$ 时,若置 $H_d = 0$,并取 $\hat{X}_T(0) = EX_0$,$P_T(0) = \operatorname{Var} X_0$,那么定理1的公式就化为Kalman滤波公式,即 $\hat{X}_T(k) = \hat{X}_k$,$P_T(k) = P_k$。

当 $k = T$ 时,由式(12)、(13),并自然有 $P_0^{-1} = 0$,则可以得到进入限定记忆滤波的初值公式(10)、(11)。

证毕。

这种证明的过程比较自然和简单。由 Kalman 滤波的非递推公式(12)、(13)出发,根据限定记忆滤波思想,自然得到式(14)、(15)。然后由线性估计理论证明 $\hat{X}_T(k)$ 就是 X_k 的限定记忆最优滤波,而且初值公式(10)、(11)的得出也十分自然。

三、限定记忆加权滤波递推公式

限定记忆滤波不失为一种克服滤波发散的有效方法。但是每步的计算误差,将随着递推步数的增加而无限地发展。为了抑制舍入误差引起的发散,同时也希望改善系统误差,我们设想在记忆长度内进行加权滤波。基于上述考虑,我们有以下的定理。并在下面的讨论中,记 X_k 的增长记忆加权滤波为 X_k^*,X_k 的限定记忆加权滤波为 $X_T^*(k)$,其相应的误差方差阵分别记为 P_k^* 和 $P_T^*(k)$。

定理 2 设 $X_T^*(k)$、K_k^*、$\bar{K}_k^*$、$P_T^*(k|k-1)$ 及 $P_T^*(k)$ 分别由下列递推公式计算。当 $k > T$ 时:

$$X_T^*(k) = \Phi_{k,k-1} X_T^*(k-1) + K_k^* [Z_k - H_k \Phi_{k,k-1} X_T^*(k-1)] - \bar{K}_k^* [Z_d - H_d \Phi_{d,k-1} X_T^*(k-1)] \quad (22)$$

式中 $d = k - T$,而 T 是预先给定的滤波记忆长度。

$$K_k^* = P_T^*(k) H_k^\tau R_k^{-1} \quad (23)$$

$$\bar{K}_k^* = P_T^*(k) \Phi_{d,k}^\tau H_d^\tau R_d^{-1} e^{-T\beta}, \beta > 0 \quad (24)$$

$$P_T^*(k) \equiv E\tilde{X}_T(k) \tilde{X}_T(k)^\tau = (P_T^*(k|k-1)^{-1} + H_k^\tau R_k^{-1} H_k - \Phi_{d,k}^\tau H_d^\tau R_d^{-1} H_d \Phi_{d,k} e^{-T\beta})^{-1} \quad (25)$$

$$P_T^*(k|k-1) = \Phi_{k,k-1} P_T^*(k-1) \Phi_{k,k-1}^\tau e^\beta \quad (26)$$

那么对任何的 $k > T$,$X_T^*(k)$ 就是系统(1)、(2)在时刻 k 的限定记忆加权滤波。

公式(25)与以下两式等价

$$D_k \equiv P_T^*(k|k-1) + P_T^*(k|k-1) \Phi_{d,k}^\tau H_d^\tau (R_d e^{T\beta} - H_d \Phi_{d,k} P_T^*(k|k-1) \Phi_{d,k}^\tau H_d^\tau)^{-1} H_d \Phi_{d,k} P_T^*(k|k-1) \quad (27)$$

$$P_T^*(k) = D_k - D_k H_k^\tau (R_k + H_k D_k H_k^\tau)^{-1} H_k D_k \qquad (28)$$

当 $k < T$ 时,在以上诸式中置 $H_d = 0$。此时, $X_T^*(k) = X_k^*$, 即 $X_T^*(k)$ 是系统(1)、(2)在时刻 k 的渐消记忆滤波。且初值为 $X_0^* = EX_0 = \hat{X}_0$, $P_0^* = \text{Var} X_0 = P_0$。

当 $k = T$ 时,对 $X_T^*(T)$ 及 $P_T^*(T)$ 要作如下修正:

$$P_T^*(T) = (P_T^{*-1} - \Phi_{0,T}^\tau P_0^{-1} \Phi_{0,T} e^{-T\beta})^{-1} \qquad (29)$$

$$X_T^*(T) = P_T^*(T)(P_T^{*-1} X_T^* - \Phi_{0,T}^\tau P_0^{-1} \hat{X}_0 e^{-T\beta}) \qquad (30)$$

证 由二,已知当 $k > T$ 时,对于限定记忆滤波值 $\hat{X}_T(k)$ 及误差方差阵 $P_T(k)$,有

$$\hat{X}_T(k) = P_T(k) \Big(\sum_{i=d+1}^{k} \Phi_{i,k}^\tau H_i^\tau R_i^{-1} z_i \Big)$$

$$P_T(k) = \Big(\sum_{i=d+1}^{k} \Phi_{i,k}^\tau H_i^\tau R_i^{-1} H_i \Phi_{i,k} \Big)^{-1}$$

式中 $d = k - T$。

考察新的系统模型

$$\bar{X}_i^* = \Phi_{i,i-1} \bar{X}_{i-1}^* \qquad (31)$$

$$Z_i = H_i \bar{X}_i^* + \bar{V}_i^*, \quad 1 \leqslant i \leqslant k \qquad (32)$$

其中, $E\bar{V}_j^* = 0$, $E\bar{V}_j^* \bar{V}_l^{*\tau} = e^{(k-j)\beta} R$, δ_{jl}, $d \geqslant j$, $l \leqslant k$, $\beta > 0$。由第二节知,对任何 $k > T$,系统(31)、(32)在时刻 k 的限定记忆最优滤波 $X_T^*(k)$ 及其误差方差阵 $P_T^*(k)$ 为

$$X_T^*(k) = P_T^*(k) \Big(\sum_{i=d+1}^{k} e^{-(k-i)\beta} \Phi_{i,k}^\tau H_i^\tau R_i^{-1} z_i \Big) \qquad (33)$$

$$P_T^*(k) = \Big(\sum_{i=d+1}^{k} e^{-(k-i)\beta} \Phi_{i,k}^\tau H_i^\tau R_i^{-1} H_i \Phi_{i,k} \Big)^{-1} \qquad (34)$$

而 $X_T^*(k)$ 和 $P_T^*(k)$ 又是系统(1)、(2)在时刻 k 的限定记忆加权滤波值和相应的误差方差阵。显然, $X_T^*(k)$ 是 X_k 的基于量测 $Z_{d+1}, Z_{d+2}, \cdots, Z_k$ 的无偏估计。

为了得到递推公式,由式(34)、(33)分别得到

$$P_T^*(k)^{-1} + e^{-T\beta}\Phi_{d,k}^{\tau}H_d^{\tau}R_d^{-1}H_d\Phi_{d,k} - H_k^{\tau}R_k^{-1}H_k = e^{-\beta}\Phi_{k-1,k}^{\tau}P_T^*(k-1)^{-1}\Phi_{k-1,k} \tag{35}$$

$$\begin{aligned}P_T^*(k)^{-1}X_T^*(k) + e^{-T\beta}\Phi_{d,k}^{\tau}H_d^{\tau}R_d^{-1}z_d - H_k^{\tau}R_k^{-1}z_k \\ = e^{-\beta}\Phi_{k-1,k}^{\tau}P_T^*(k-1)^{-1}X_T^*(k-1)\end{aligned} \tag{36}$$

由式(35)即得式(25)、(26)。由式(35)还可以得到

$$\begin{aligned}e^{-\beta}\Phi_{k-1,k}^{\tau}P_T^*(k-1)^{-1} = P_T^*(k)^{-1}\Phi_{k,k-1}^{-} - H_k^{\tau}R_k^{-1}H_k\Phi_{k,k-1} \\ + e^{-T\beta}\Phi_{d,k}^{\tau}H_d^{\tau}R_d^{-1}H_d\Phi_{d,k-1}\end{aligned} \tag{37}$$

将式(37)代入式(36),得

$$\begin{aligned}P_T^*(k)^{-1}X_T^*(k) = & P_T^*(k)^{-1}\Phi_{k,k-1}X_T^*(k-1) \\ & + H_k^{\tau}R_k^{-1}[z_k - H_k\Phi_{k,k-1}^{-}X_T^*(k-1)] \\ & - e^{-T\beta}\Phi_{d,k}^{\tau}H_d^{\tau}R_d^{-1}[z_d - H_d\Phi_{d,k-1}^{-}X_T^*(k-1)]\end{aligned}$$

两边乘 $P_T^*(k)$,就得到式(22)、(23)、(24)。

为证式(27)、(28)式,由式(27)及矩阵反演公式,可得:

$$D_k^{-1} = P_T^*(k\mid k-1)^{-1} - \Phi_{d,k}^{\tau}H_d^{\tau}R_d^{-1}H_d\Phi_{d,k}e^{-T\beta}$$

将其代入式(25),再用矩阵反演公式,就可得到式(28)。

当 $k < T$ 时,对 P_0 及 R_k 进行指数加权,P_0 变为 $P_0 e^{T\beta}$,R_k 变为 $R_k e^{(T-k)\beta}$,$k = 1, 2, \cdots, T$。由加权滤波讨论(文献[2]、[4]、[5]),此时推出的加权滤波递推公式,就是定理 2 中置 $H_d = 0$ 的情形。$X_T^*(k) = X_k^*$,$P_T^*(k) = P_k^*$;初值 $X_0^* = EX_0 = \hat{X}_0$,$P_0^* = \text{Var}X_0 = P_0$。

当 $k = T$ 时,由文献[5]知

$$X_T^* = P_T^*\left(e^{-T\beta}\Phi_{0,T}^{\tau}P_0^{-1}\hat{X}_0 + \sum_{i=1}^{T}e^{-(T-i)\beta}\Phi_{i,T}^{\tau}H_i^{\tau}R_i^{-1}z_i\right) \tag{38}$$

$$P_T^{*-1} = e^{-T\beta}\Phi_{0,T}^{\tau}P_0^{-1}\Phi_{0,T} + \sum_{i=1}^{T}e^{-(T-i)\beta}\Phi_{i,T}^{\tau}H_i^{\tau}R_i^{-1}H_i\Phi_{i,T} \tag{39}$$

为了进入限定记忆加权滤波时能消除 $\hat{X}_0$ 及 P_0 的影响,自然在式(38)、(39)中令 $P_0^{-1} = 0$,从而得到 P_T^*、X_T^* 的修正值

$$P_T^*(T) = (P_T^{*-1} - e^{-T\beta}\Phi_{0,T}^{\tau}P_0^{-1}\Phi_{0,T})^{-1}$$

$$X_T^*(T) = P_T^*(T)(P_T^{*-1}X_T^* - e^{-T\beta}\Phi_{0,T}^\tau P_0^{-1}\hat{X}_0)$$

这就是式(29)、(30)。

证毕。

由式(34)容易看出,通过指数加权,每递推一步,$P_T^*(k)$随之增大,从而由式(23)知,K_k^* 也随之增大。但由式(24)知,$\bar{K}_k^*$ 的增大受到了有效的控制。这样,从式(22)看出,新的量测 z_k 的作用得到了强调,而较老的量测 z_d 的作用相对受到了抑制,这是符合克服发散方法的基本思想的。并且,重要的是,采用限定记忆加权滤波方法,将能够使计算误差的累积有界,从而使限定记忆滤波方法的主要缺陷之一得到克服。限定记忆加权滤波递推公式,基本上保持着限定记忆滤波递推式的概貌,计算量只是稍有增加而已。在定理2中,我们采用指数权序列,也可以采用其他的权序列。但各种权序列是各有千秋的,也可以按照某些指标的优化来选取权序列,这里不求详尽了。

四、例子和误差分析

为了便于比较和分析,我们仍用文献[3]的例子。设真实的一维系统模型为:

$$\bar{X}_k = \bar{X}_{k-1} + \alpha c, \quad \bar{X}_0 = c \neq 0, \quad |\alpha| \ll 1$$

$$\bar{Z}_k = \bar{X}_k + \bar{V}_k, \quad k \geq 1$$

式中 $E\bar{V}_k = 0$,$E\bar{V}_k\bar{V}_j = \delta_{kj}$。

在进行滤波时,假设把系统模型取作:

$$X_k = X_{k-1}$$
$$Z_k = X_k + V_k$$

式中 $\{V_k\}$ 是(一维)零均值白噪声,且 $EV_kV_j = \delta_{kj}$。

若采用 Kalman 滤波,并设 $\hat{X}_0 = 0$,$P_0^{-1} = 0$,则容易得出滤波是发散的。

$1°$. 若采用限定记忆最优滤波,由公式(14)、(15),容易算出

$$\hat{X}_T(n) = \frac{1}{T}\sum_{k=n-T+1}^{n} Z_k = \frac{1}{T}\sum_{k=n-T+1}^{n} \bar{Z}_k$$

$$E\hat{X}_T(n) = \frac{1}{T}\sum_{k=n-T+1}^{n}\overline{X}_k = c + n\alpha c - \frac{T-1}{2}\alpha c$$

因此,系统误差

$$|\overline{X}_n - E\hat{X}_T(n)| = |\alpha c|\frac{T-1}{2}$$

随机误差

$$P_T(n) = \frac{1}{T}$$

如果以 $\overline{\hat{X}_T}(n)$ 表示利用限定记忆滤波递推公式实际计算的滤波值,令计算误差 ε_n 为

$$\varepsilon_n = \overline{\hat{X}_T}(n) - \hat{X}_T(n) \tag{40}$$

若以 ω_n 表示第 n 步计算式(3)时产生的计算误差向量,那么将式(40)代入式(3),就可得到

$$\varepsilon = \varepsilon_{n-1} + \omega_n \tag{41}$$

这显然引起计算误差累积的发散。

2°. 若采用增长记忆的加权滤波。并取 $\hat{X}_0 = 0$,$P_0^{-1} = 0$,由公式(38)、(39),并令 $e^{-\beta} = s$,$0 < s < 1$,可以算出

$$X_n^* = \left(\frac{1-s^n}{1-s}\right)^{-1}\left(\sum_{i=1}^{n} s^{n-i}\overline{z}_i\right)$$

$$EX_n^* = \left(\frac{1-s}{1-s^n}\right)\left(c\,\frac{1-s^n}{1-s} + \alpha c\sum_{i=1}^{n} is^{n-i}\right)$$

$$= c + \alpha c\,\frac{1-s}{1-s^n}\left(n\,\frac{1-s^n}{1-s} - \frac{s - s^{n+1} - ns^n + ns^{n+1}}{(1-s)^2}\right)$$

$$= c + n\alpha c - \alpha c\left(\frac{s}{1-s} - \frac{ns^n}{1-s^n}\right)$$

$$|\overline{X}_n - EX_n^*| = \left|\alpha c\left(\frac{s}{1-s} - \frac{ns^n}{1-s^n}\right)\right| \xrightarrow[(n\to\infty)]{} |\alpha c|\frac{s}{1-s}$$

$$P_n^* = \left(\frac{1-s^n}{1-s}\right)^{-1} \xrightarrow[(n\to\infty)]{} 1-s$$

令 $Y_n^* = P_n^{*-1} X_n^*$，且设 $\bar{Y}_n^*$ 为实际计算 Y_n^* 的量，又设 $\zeta_n = \bar{Y}_n^* - Y_n^*$，由文献[5]，同样可以得到计算误差 ζ_n 满足的线性随机差分方程：

$$\zeta_n = s\zeta_{n-1} + \omega_n \tag{42}$$

式中 ω_n 为第 n 步计算 Y_n^* 时产生的计算误差向量，且设 $E\omega_n = 0$，$\mathrm{var}\omega_n = \delta^2$，那么，参见文献[6]，不难求出：

$$E\zeta_n^2 \xrightarrow[(n\to\infty)]{} \frac{\delta^2}{1-s^2}$$

3°. 若采用限定记忆加权滤波，由公式(33)、(34)，并令 $e^{-\beta} = s$，可以算出

$$X_T^*(n) = \left(\frac{1-s^T}{1-s}\right)^{-1} \sum_{i=n-T+1}^{n} s^{n-i} \bar{z}_i)$$

$$EX_T^*(n) = c + \alpha c \frac{1-s}{1-s^T} \sum_{i=n-T+1}^{n} is^{n-i} = c + n\alpha c - \alpha c\left(\frac{s}{1-s} - \frac{Ts^T}{1-s^T}\right)$$

$$|\bar{X}_n - EX_T^*(n)| = |\alpha c| \left(\frac{s}{1-s} - \frac{Ts^T}{1-s^T}\right)$$

$$P_T^*(n) = \frac{1-s}{1-s^T}$$

以 $\bar{X}_T^*(n)$ 表示利用式(22)实际计算的量，令 $\eta_n = \bar{X}_T^*(n) - X_T^*(n)$，代入式(22)，可得：

$$\eta_n = s\eta_{n-1} + \omega_n \tag{43}$$

式中，ω_n 为第 n 步计算式(22)时产生的计算误差向量，且设 $E\omega_n = 0$，$\mathrm{Var}\omega_n = \delta^2$，类似于 2°，同样可以求出

$$E\eta_n^2 \xrightarrow[(n\to\infty)]{} \frac{\delta^2}{1-s^2}$$

从 1°、2°、3°的讨论可以看出以下几点：

1. 1°虽然可以克服滤波发散，但要引起计算误差累积的发散。

2. $2°$ 和 $3°$ 不仅可以克服滤波发散,而且都有克服计算误差累积发散的效果。

3. $2°$ 的系统误差,将随着 s 的增大而迅速增大;而 $3°$ 的系统误差,随 s 增大而增大的速度十分缓慢。

4. 由于 $3°$ 的随机误差总是大于零小于1,适当选取 s,可以和 $1°$ 或 $2°$ 的随机误差充分接近。最后,由于

$$0 < \frac{s}{1-s} - \frac{Ts^T}{1-s^T} < \frac{s}{1-s}$$

对所有的 $0<s<1$ 及 $T>1$ 成立,所以,$3°$ 的系统误差总比 $2°$ 的系统误差要小。又因为

$$\frac{s}{1-s} - \frac{Ts^T}{1-s^T} - \frac{T-1}{2} = \frac{(1-s^T)(1+s) - T(1-s)(1+s^T)}{2(1-s)(1-s^T)} \quad (44)$$

为使式(44)右端小于零,只需

$$(1-s^T)(1+s) - T(1-s)(1+s^T) < 0$$

即

$$T > \frac{1+s}{1-s} \cdot \frac{1-s^T}{1+s^T} \quad (45)$$

由数学归纳法不难证明,对所有的 $0<s<1$,式(45)对所有的自然数 $T \geqslant 2$ 都是成立的。因此,$3°$ 的系统误差总是比 $1°$ 的系统误差要小,自然,比文献[3]的限定记忆次优滤波的系统误差也要小。

综上所述,从本节的简单例子可以看到,限定记忆加权滤波方法是一种较好的滤波方法。

参 考 文 献

[1] Jazwinski, A.H. Limited Memory Optimal Filtering[J]. IEEE Trans, 1968, 13(5): 702-705.

[2] 中国科学院数学研究所概率组.离散时间系统滤波的数学方法[M].北京:国防工业出版社,1975.

[3] 安鸿志,严加安.限定记忆滤波方法[J].数学的实践与认识,1973(3):28-38.

[4] Sorenson, H. W., Sacks, J. E. Recursive Fading Memory Filtering[J]. Information Sciences, 1971, 3(2): 101-109.

[5] 安鸿志,严加安.加权滤波方法[J].数学的实践与认识,1973(4):47-56.

[6] U. 格列南特,M. 罗孙勃勒特.平稳时间序列的统计分析[M].上海:上海科学技术出版社,1957.

非线性系统的一种滤波方法*

对于较为一般的非线性系统,本文在修正和推广文献[2]的方法之基础上,综合了一些非线性滤波方法的优点[1-3],提出一种实时滤波方法。这种方法的计算量比推广 Kalman 滤波方法要小得多,而精度却与其相仿。

给定如下的非线性系统

$$X_{k+1} = f(X_k, k) + \Gamma(X_k, k)W_k \tag{1}$$

$$Z_k = h(X_k, k) + V_k \tag{2}$$

这里,$X_k \in R^n$, $Z_k \in R^n$, $\{W_k\}$、$\{V_k\}$ 均为零均值白噪声序列,且 $EV_k V_j^\tau = R\delta_{kj}$,$\delta_{kj}$ 为 Kronecker δ 函数,$R > 0$, $R = \text{diag}(r_1, r_2, \cdots, r_n)$, (X_0, Z_0)、$\{W_k\}$、$\{V_k\}$ 互不相关。又设 f、h、Z 的分量分别为 f_i、h_i、Z^i, $i = 1, 2, \cdots, n$。令

$$Y = (y_{10}, y_{20}, \cdots, y_{n0})^\tau \triangleq (h_1, h_2, \cdots, h_n)^\tau$$

选取充分小的 T 和适当大的 M,有

$$X[(k+1)T] = X(kT) + T\dot{X}(kT) + \frac{T^2}{2}\ddot{X}(kT) + \cdots + \frac{T^M}{M!}X^{(M)}(kT) + W'_{k+1} \tag{3}$$

$$Y[(k+1)T] = Y(kT) + T\dot{Y}(kT) + \frac{T^2}{2}\ddot{Y}(kT) + \cdots + \frac{T^M}{M!}Y^{(M)}(kT) + W^*_{k+1} \tag{4}$$

---

* 原文发表于《运筹学杂志》,1984,3(2):59-60.

式中，$\{W'_{k+1}\}$、$\{W^*_{k+1}\}$ 都是零均值白噪声序列，它们都作为对模型不确切性的补偿。并设 $EW^*_k W^{*\tau}_j = Q^* \delta_{kj}$，$Q^* = \text{diag}(q^*_1, q^*_2, \cdots, q^*_n)$，$Q^* > 0$。若记

$$X^{(i)} = (x_{1i}, x_{2i}, \cdots, x_{ni})^\tau,$$
$$Y^{(i)} = (y_{1i}, y_{2i}, \cdots, y_{ni})^\tau \triangleq (h^{(i)}_1, h^{(i)}_2, \cdots, h^{(i)}_n)^\tau, i = 0, 1, 2, \cdots, M$$
$$\mathfrak{X} = (x_{10}, x_{20}, \cdots, x_{n0}; \cdots; x_{1M}, x_{2M}, \cdots, x_{nM})^\tau,$$
$$\mathfrak{Y} = (y_{10}, y_{20}, \cdots, y_{n0}; \cdots; y_{1M}, y_{2M}, \cdots, y_{nM})^\tau,$$

(5)

则式(3)、(4)、(2)可依次写成

$$\mathfrak{X}_{k+1} = \Phi \mathfrak{X}_k + \Gamma W'_{k+1} \tag{6}$$

$$\mathfrak{Y}_{k+1} = \Phi \mathfrak{Y}_k + \Gamma W^*_{k+1} \tag{7}$$

$$Z_k = H \mathfrak{Y}_k + V_k \tag{8}$$

分块矩阵 Φ、Γ、H 如文献[2]中所示。

由式(5)可以确定映射 $\xi: R^{nM} \longrightarrow R^{nM}$，使

$$\mathfrak{Y} = \xi(\mathfrak{X}) \tag{9}$$

设 $\xi(\mathfrak{X})$ 为 $\mathfrak{X}$ 的连续可微映射，又对任何固定的 $\mathfrak{X}$，$\xi'(\mathfrak{X})$ 均可逆，那么在 $\mathfrak{X}$ 邻域内，映射 ξ 是一对一的，即存在唯一的

$$\mathfrak{X} = \eta(\mathfrak{Y}) \tag{10}$$

η 由 $\mathfrak{X} = \eta(\xi(\mathfrak{X}))$ 确定，并且 η 也是连续可微映射。设已知 ξ、η 的分量为 ξ_{ij}、η_{ij}，$i = 1, 2, \cdots, n$，$j = 0, 1, 2, \cdots, M$。

系统(7)、(8)为具有稳态滤波良好性质的定常系统。设 $(\mathfrak{Y}_0, Z_0)$、$\{W^*_k\}$、$\{V_k\}$ 互不相关，且设初始方差阵 P_0 为可 n 阶对角分块阵，这样可以部分使用文献[2]的结果。

为了利用动态模型信息，同时又要避免文献[2]中在这点上计算量偏大的缺陷，现由式(1)及推广 Kalman 滤波公式，可得

$$\hat{x}_{i0}(k+1|k) = f_i[\hat{X}(k), k], \hat{X}(0) = EX_0, i = 1, 2, \cdots, n \tag{11}$$

当 $j \geq 1$ 时，由式(6)及文献[2]可知

$$\hat{x}_{ij}(k+1 \mid k) = \sum_{l=0}^{M-j} \frac{T^l}{l!} \hat{x}_{i,l+j}(k), \quad i=1,2,\cdots,n, \quad j=1,2,\cdots,M \tag{12}$$

故由式(9)，取一阶近似为

$$\hat{y}_{ij}(k+1 \mid k) = \xi_{ij}(\hat{\boldsymbol{x}}(k+1 \mid k)), \quad i=1,2,\cdots,n, \quad j=0,1,2,\cdots,M \tag{13}$$

由系统(7)、(8)及文献[2]中的结果，就可得到有关滤波、增益、预报误差方差、滤波误差方差的表达式，而且滤波和预报误差方差阵以及增益矩阵的形式亦如文献[2]中所示。

最后，由式(10)，取一阶近似为

$$\hat{x}_{ij}(k+1) = \eta_{ij}(\hat{\boldsymbol{\mathcal{Y}}}(k+1)), \quad i=1,2,\cdots,n, \quad j=0,1,2,\cdots,M \tag{14}$$

这样，从式(11)到式(14)的近似滤波公式，构成了一种实时滤波方法。当精度要求不高时，可将 M 取小，此时计算量大大减少。式(9)的映射 ξ，要求是光滑同胚的，如果欲对式(14)进行改善，则一般应设映射 ξ 是无穷光滑同胚的，例如二阶近似为

$$\hat{x}_{ij}(k+1) = \eta_{ij}[\hat{\boldsymbol{\mathcal{Y}}}(k+1)] + \frac{1}{2}\left[\frac{\partial^\tau}{\partial \hat{\boldsymbol{\mathcal{Y}}}(k+1)} P(k+1) \frac{\partial}{\partial \hat{\boldsymbol{\mathcal{Y}}}(k+1)}\right] \eta_{ij}$$
$$i=1,2,\cdots,n, \quad j=1,2,\cdots,M \tag{15}$$

把 $\boldsymbol{\mathcal{Y}}$ 的分量 y_{ij} 改写成 y^l_{j+1}，并由微分算子 $\left(\dfrac{\partial^\tau}{\partial x} \pi \dfrac{\partial}{\partial x}\right)$ 的定义及滤波误差方差阵 P 的形式，可得

$$\frac{1}{2}\left[\frac{\partial^\tau}{\partial \hat{\boldsymbol{\mathcal{Y}}}(k+1)} P(k+1) \frac{\partial}{\partial \hat{\boldsymbol{\mathcal{Y}}}(k+1)}\right] \eta_{ij}$$
$$= \sum_{l=1}^{n} \sum_{u=1}^{M+1} \sum_{v=1}^{M+1} p^l_{uv}(k+1) \frac{\partial^2 \eta_{ij}}{\partial \hat{y}^l_u(k+1) \partial \hat{y}^l_v(k+1)}(\boldsymbol{\mathcal{Y}}) \tag{16}$$

参 考 文 献

[1] 贾沛璋,朱征桃.卫星回收轨道和导弹弹道的实时跟踪[J].航空学报,1978,(4): 85-93.

[2] 王祖荣.一种简化非线性滤波[J].数学物理学报,1981,1(3-4):313-324.

[3] R. K. Mehra. A Comparison of Several Nonlinear Filters for Reentry Vehicle Tracking[J]. IEEE Trans.,1971,16(4):307-319.

加权滤波分析*

提要　本文对文献[1]、[2]、[3]、[4]中使用的权序列进行了若干具体分析,并提出使用一种权函数序列来进行加权滤波。这样,就有可能按照某些指标或综合指标的优化来选取权序列,在一定程度上避免了盲目性或有利于进一步讨论。

一、前言

在 Kalman 滤波方法中,克服滤波的发散现象是一个重要的课题。加权滤波方法(或渐消记忆滤波方法),是克服滤波发散和计算误差累积发散的一种有效方法,它能使滤波稳定化和计算误差累积有界。文献[2]、[3]中提到的指数加权滤波方法,虽然对不含动态噪声或含有动态噪声的线性系统都可以实施,然而在确定指数值时往往要遇到麻烦,在各种精度要求下,指数值的范围经常过于狭窄,甚至难以确定。文献[4]中提出的加权滤波方法,对指数加权作了有意义的拓广,并且有效地进行了误差分析。但文献[4]中所选用的权序列(文献[4]中的式(17)、(18)),不仅仍然存在着上述问题,而且在一些实例中,只是随机误差较指数加权的结果要小,而系统误差和计算误差都比指数加权的结果要大。因此,有目标地而不是盲目地选取权序列是必要的。

本文提出一种权函数序列,相对于通常的权序列来说,这是一种二元权序列。本文讨论的加权滤波方法,使得我们有可能按照某些指标的优化或者综合指标的优化来选取权序列,在一定程度上力求避免盲目性,做到有所侧重,或者统筹兼顾。本文在第二节中相应地提出了几种权函数序列;在第

---

* 原文发表于《应用科学学报》,1985,3(1):57-64.

四节中,基于一类权函数序列,对含有动态噪声的线性系统,进行了加权滤波公式的推导;在第五节中,通过例子,对几种加权滤波进行了分析,并讨论了使用权函数序列施行加权滤波的一些步骤和方法。

二、权函数序列

文献[2]、[3]、[4]中提到以下几种具体的权序列

$$q_k = e^{-\beta k} \tag{1}$$

$$q_k = (1+\beta k)e^{-\beta k} \tag{2}$$

$$q_k = 2e^{-\beta k} - e^{-2\beta k} \tag{3}$$

以上式中 $\beta > 0$。这些权序列都是非负单调下降序列,且满足 $q_0 = 1$。

现在,我们来引进权函数序列。权序列(2)、(3)只能适用于无动态噪声的系统,将式(2)、(3)相应地变成以下的权函数序列

$$q_k(t) = (1+tk)e^{-\beta k}, \quad t \geqslant 0 \tag{4}$$

$$q_k(t) = te^{-\beta k} + (1-t)e^{-t\beta k}, \quad t > 0 \tag{5}$$

在式(4)、(5)中,$\beta > 0$,均有 $q_0(t) = 1$;当 $k \to \infty$ 时,$q_k(t) \to 0$。并且容易看出,在式(4)、(5)中,当 $t \geqslant 0$ 时,$q_k(t) > 0$ 对所有的 $k = 0, 1, 2, \cdots$ 成立。当 $t = 0$ 时,式(4)变为式(1);当 $t = 1$ 时,式(5)变为式(1);当 $t = \beta$ 或 $t = 2$ 时,式(4)或(5)分别相应地变为式(2)或(3)。使用式(4)或式(5),适当选取 $t = t_0$,使得某些指标达到优化,从而得到权序列 $q_k = q_k(t_0)$。

对于含有动态噪声的线性系统,只有指数加权方有文献[3]中的滤波递推式。但也可以引进相应指数权的权函数序列,目的是便于进一步讨论。权函数序列的一种选法如下:

设随机变量 ξ 的分布函数为 $F_\xi(x)$,于是 ξ 的特征函数 $f_\xi(t)$ 可表为:

$$f_\xi(t) = E e^{it\xi} = \int_{-\infty}^{\infty} e^{itx} dF_\xi(x)。$$

已知 $f_\xi(0) = 1$,$|f_\xi(t)| \leqslant f_\xi(0)$,且 $f_\xi(t)$ 在 $(-\infty, +\infty)$ 上一致连

续。令

$$q_k(t) = |f_\xi(t)|^k, \ t \neq 0 \tag{6}$$

选取随机变量 ξ,使当 $t = t_0 \neq 0$,且 $t_0 \in I$ ($I \subset R_1$) 时,$0 < |f_\xi(t_0)| < 1$。从而 $q_k(t_0)$ 是指数权序列。因此,不妨称 $q_k(t)$ 为指数型的权函数序列。

三、不含动态噪声系统的加权滤波递推公式

考察 n 维动态系统和 m 维量测系统

$$X_k = \Phi_{k,k-1} X_{k-1} \tag{7}$$

$$Z_k = H_k X_k + V_k, \quad k \geq 1 \tag{8}$$

设 $EV_k = 0$,$EV_k V_j^\tau = R_k \delta_{kj}$,$\delta_{kj} = \begin{cases} 1, & k = j \\ 0, & k \neq j \end{cases}$;又设初始状态 X_0 是与 $\{V_k\}$ 互不相关的随机向量,其统计特征为 $EX_0 = \mu_0$,$\mathrm{Var} X_0 = P_0$。

由权函数序列(4)或(5),按照指标优化选取权序列 $q_k = q_k(t_0)$,且 q_k 满足差分方程

$$q_k = a_1 q_{k-1} + a_2 q_{k-2}, \ k \geq 0 \tag{9}$$

记 X_n^*、P_n^* 为 X_n 的加权滤波和对应的均方误差阵,那么参照文献[4]可以推出

$$X_n^* = P_n^* \sum_{i=0}^n q_{n-i} \Phi_{i,n}^\tau H_i^\tau R_i^{-1} Z_i \tag{10}$$

$$P_n^{*-1} = \sum_{i=0}^n q_{n-i} \Phi_{i,n}^\tau H_i^\tau R_i^{-1} H_i \Phi_{i,n} \tag{11}$$

式中,$H_0 = I$(单位阵),$R_0 = P_0^* = P_0$,$Z_0 = X_0^* = \mu_0$。

由文献[4],加权滤波的递推公式由如下定理表出:

定理 1 令 $Y_n^* = P_n^{*-1} X_n^*$,$\alpha_i = \sum_{j=i}^{2} a_j q_{i-j-1}$,$K_{ni} = \Phi_{n-i+1,n}^\tau H_{n-i+1}^\tau$,则 $X_n^* = P_n^* Y_n^*$,而 Y_n^* 有递推公式

$$Y_n^* = \sum_{j=1}^{2} a_j \Phi_{n-j,n}^\tau Y_{n-j}^* + \sum_{i=1}^{2} \alpha_i K_{ni} R_{n-i+1}^{-1} Z_{n-i+1} \qquad (12)$$

$$P_n^{*-1} = \sum_{j=1}^{2} a_j \Phi_{n-j,n}^\tau P_{n-j}^{*-1} \Phi_{n-j,n} + \sum_{j=1}^{2} a_j K_{nj} R_{n-j+1}^{-1} K_{nj}^\tau \qquad (13)$$

式(12)、(13)的初始值可以取为

$$Y_j^* = P_j^{*-1} \Phi_{j,0} X_0^*, \quad P_j^{*-1} = \Phi_{0,j}^\tau P_0^{*-1} \Phi_{0,j}, \quad j = 0, 1。$$

如果以 $\bar{Y}_n$ 和 $\bar{P}_n^{-1}$ 表示利用式(12)、(13)实际计算的量,令计算误差 ε_n 和 θ_n 为

$$\varepsilon_n = Y_n^* - \bar{Y}_n \qquad (14)$$

$$\theta_n = P_n^{*-1} - \bar{P}_n^{-1} \qquad (15)$$

若以 ω_n 表示第 n 步计算式(12)时产生的计算误差向量,那么将式(14)代入式(12),就可得到:

$$\varepsilon_n = \sum_{j=1}^{2} a_j \Phi_{n-j,n}^\tau \varepsilon_{n-j} + \omega_n \qquad (16)$$

同样,若以 ζ_n 表示第 n 步计算式(13)时产生的计算误差矩阵,那么,将式(15)代入式(13),又可得到

$$\theta_n = \sum_{j=1}^{2} a_j \Phi_{n-j,n}^\tau \theta_{n-j} \Phi_{n-j,n} + \zeta_n \qquad (17)$$

四、带动态噪声系统加权滤波的递推公式

考察如下系统

$$X_k = \Phi_{k,k-1} X_{k-1} + \Gamma_{k-1} W_{k-1} \qquad (18)$$

$$Z_k = H_k X_k + V_k, \quad k \geqslant 1 \qquad (19)$$

设 $EW_k = 0$, $EV_k = 0$, $EW_k W_j^\tau = Q_k \delta_{kj}$, $EV_k V_j^\tau = R_k \delta_{kj}$, $EW_k V_j^\tau = 0$;又设 X_0 是与 $\{W_k\}$、$\{V_k\}$ 都互不相关的随机向量,$EX_0 = \mu_0$, $\text{Var} X_0 = P_0$。记 $\hat{X}_k$ 是 X_k 的最优滤波。

对于系统(18)、(19),只有选用指数权序列,滤波的递推计算才能有文献[3]中的结果。但为了便于进一步讨论,我们来使用权函数序列(6)。

首先,假定$\{\alpha_i\}$是适当选取的相互独立的随机变量序列,它的特征函数记为$f_{\alpha_i}(t)$,令

$$\eta_{k,n-1} = \alpha_k + \alpha_{k+1} + \cdots + \alpha_{n-1}, \quad k = 0, 1, 2, \cdots, n-1$$

且

$$\eta_{n,n-1} = 0$$

从而$\eta_{k,n-1}$的特征函数是

$$f_{\eta_{k,n-1}}(t) = f_{\alpha_k}(t) \cdot f_{\alpha_{k+1}}(t) \cdot \cdots \cdot f_{\alpha_{n-1}}(t)$$

特别,当α_i相互独立同分布时,有

$$f_{\eta_{k,n-1}}(t) = [f_{\alpha_1}(t)]^{n-k}, \quad k = 0, 1, 2, \cdots, n$$

此时,可选择α_1服从某一概率分布(例如,α_2服从正态分布或Poisson分布等),于是得到权函数序列(6)的具体形式$q_k(t) = |f_{\alpha_1}(t)|^k$。

在α_i相互独立但概率分布不相同的一般情况下,先固定$t = t_0 \neq 0$,且使当$t_0 \in I$ ($I \subset R_1$)时,$0 < |f_{\alpha_i}(t_0)| < 1$。对动态噪声方差阵和量测噪声方差阵以及初始状态的均方误差阵分别进行如下的加权

$$P_0 |f_{\eta_{0,n-1}}(t_0)|^{-1} \tag{20}$$

$$Q_{k-1} |f_{\eta_{k,n-1}}(t_0)|^{-1}, \quad k = 1, 2, \cdots, n \tag{21}$$

$$R_k |f_{\eta_{k,n-1}}(t_0)|^{-1}, \quad k = 1, 2, \cdots, n \tag{22}$$

当我们应用加权滤波于系统(18)、(19)时,就相当于对如下新的模型求最优滤波

$$X_k^n = \Phi_{k,k-1} X_{k-1}^n + \Gamma_{k-1} W_{k-1}^n \tag{23}$$

$$Z_k = H_k X_k^n + V_k^n, \quad k \leqslant n \tag{24}$$

其中, $EW_k^n = 0$, $EW_{k-1}^n W_{j-1}^{n\tau} = Q_{k-1} |f_{\eta_{k,n-1}}(t_0)|^{-1} \delta_{kj}$,

$EV_k^n = 0$, $EV_k^n V_j^{n\tau} = R_k |f_{\eta_{k,n-1}}(t_0)|^{-1} \delta_{kj}$,

$$EX_0^n = \hat{X}_0 = \mu_0, \quad \text{Var} X_0^n = P_0 \mid f_{\eta_0, n-1}(t_0) \mid^{-1},$$
$$EW_k^n V_j^{n\tau} = 0, \quad EX_0^n W_k^{n\tau} = 0, \quad EX_0^n V_k^{n\tau} = 0$$

系统(23)、(24)在 n 时刻的最优滤波值,就是系统(18)、(19)在时刻 n 的加权滤波值(渐消记忆滤波值)。

定理 2 设 $X_k^*, K_k^*, P_{k|k-1}^*, P_k^*$ 分别由下列递推式计算

$$X_k^* = \Phi_{k,k-1} X_{k-1}^* + K_k^* (Z_k - H_k \Phi_{k,k-1} X_{k-1}^*) \tag{25}$$

$$K_k^* = P_{k|k-1}^* H_k^\tau (H_k P_{k|k-1}^* H_k^\tau + R_k)^{-1} = P_k^* H_k^\tau R_k^{-1} \tag{26}$$

$$P_{k|k-1}^* = \Phi_{k,k-1} P_{k-1}^* \Phi_{k,k-1}^\tau \mid f_{a_{k-1}}(t_0) \mid^{-1} + \Gamma_{k-1} Q_{k-1} \Gamma_{k-1}^\tau \tag{27}$$

$$P_k^* = (I - K_k^* H_k) P_{k|k-1}^* = (P_{k|k-1}^{*-1} + H_k^\tau R_k^{-1} H_k)^{-1} \tag{28}$$

式中,初始值分别为 $X_0^* = EX_0 = \hat{X}_0$, $P_0^* = \text{Var} X_0 = P_0$。于是,对任何的 $k \leqslant n$, X_k^* 是 X_k^n 的最优滤波,X_n^* 就是系统(18)、(19)在时刻 n 的加权滤波。

证 由熟知的 Kalman 滤波递推公式,模型(23)、(24)的最优滤波公式 ($k \geqslant n$) 为

$$\hat{X}_k^n = \Phi_{k,k-1} \hat{X}_{k-1}^n + K_k^n (Z_k - H_k \Phi_{k,k-1} \hat{X}_{k-1}^n) \tag{29}$$

$$K_k^n = P_{k|k-1}^n H_k^\tau (H_k P_{k|k-1}^n H_k^\tau + R_k^n)^{-1} = P_k^n H_k^\tau (R_k^n)^{-1} \tag{30}$$

$$P_{k|k-1}^n = \Phi_{k,k-1} P_{k-1}^n \Phi_{k,k-1}^\tau + \Gamma_{k-1} Q_{k-1}^n \Gamma_{k-1}^\tau \tag{31}$$

$$P_k^n = (I - K_k^n H_k) P_{k|k-1}^n = ((P_{k|k-1}^n)^{-1} + H_k^\tau (R_k^\tau)^{-1} H_k)^{-1} \tag{32}$$

式中,$Q_{k-1}^n = Q_{k-1} \mid f_{\eta_{k,n-1}}(t_0) \mid^{-1}$, $R_k^n = R_k \mid f_{\eta_{k,n-1}}(t_0) \mid^{-1}$ 而初值 $\hat{X}_0^n = \hat{X}_0$, $P_0^n = P_0 \mid f_{\eta_{0,n-1}}(t_0) \mid^{-1}$,令

$$P_{k|k-1}^* = P_{k|k-1}^n \mid f_{\eta_{k,n-1}}(t_0) \mid, \quad P_k^* = P_k^n \mid f_{\eta_{k,n-1}}(t_0) \mid,$$
$$K_k^n = P_{k|k-1}^* H_k^\tau (H_k P_{k|k-1}^* H_k^\tau + R_k)^{-1} - P_k^* H_k^\tau R_k^{-1} \tag{33}$$

故 $P_{k|k-1}^* \mid f_{\eta_{k,n-1}}(t_0) \mid^{-1} = \Phi_{k,k-1} P_{k-1}^* \mid f_{\eta_{k-1,n-1}}(t_0) \mid^{-1} \Phi_{k,k-1}^\tau$
$$+ \Gamma_{k-1} Q_{k-1} \Gamma_{k-1}^\tau \mid f_{\eta_{k,n-1}}(t_0) \mid^{-1}$$
$$= \Phi_{k,k-1} P_{k-1}^* \Phi_{k,k-1}^\tau \mid f_{a_{k-1}}(t_0) \mid^{-1} \cdot \mid f_{\eta_{k,n-1}}(t_0) \mid^{-1}$$
$$+ \Gamma_{k-1} Q_{k-1} \Gamma_{k-1}^\tau \mid f_{\eta_{k,n-1}}(t_0) \mid^{-1},$$

即
$$P_{k|k-1}^* = \Phi_{k,k-1} P_{k-1}^* \Phi_{k,k-1}^\tau \mid f_{a_{k-1}}(t_0) \mid^{-1} + \Gamma_{k-1} Q_{k-1} \Gamma_{k-1}^\tau \quad (34)$$
$$P_k^* = (I - K_k^* H_k) P_{k|k-1}^* = (P_{k|k-1}^{*-1} + H_k^\tau R_k^{-1} H_k)^{-1} \quad (35)$$

在式(33)中令 $K_k^n \equiv K_k^*$，则式(33)、(34)、(35)化为定理 2 中式(26)、(27)、(28)，并且 $\hat{X}_k^n$ 的递推式(29)变为定理 2 中的式(25)，而式(29)至(32)的初值化为

$$\hat{X}_0 = \hat{X}_0^n = X_0^* , \; P_0 = P_0^n \mid f_{\eta_{0,n-1}}(t_0) \mid = P_0^* 。 \qquad 证毕。$$

可以选取适当的随机变量，使其特征函数当 $t_0 \neq 0$，$t_0 \in I$ 时，有 $1 < \mid f_{a_{k-1}}(t_0) \mid^{-1} < \infty$。因此，通过式(34)计算 $P_{k|k-1}^*$ 时，每次给 P_{k-1}^* 乘上一个大于 1 的因子，从而起到了加大新的量测数据 Z_k 的增益作用。公式(25)至(28)不含有时刻 n，这使得每一步估计 X_k^*，既是系统(23)、(24)的最优滤波，又是系统(18)、(19)的加权滤波。至于如何按指标优化来选取 t_0 的数值以及确定指数 β 的范围，可参见第五节的例子。

为了直观和便于具体应用，以上提出用随机变量的特征函数来构造权函数序列。其实，不一定要由特征函数来构造。就取函数序列 $\{g_k(t)\}_{k \geq 0}$，使得

$$\forall k, \; g_k(0) = 1, \; 0 < \mid g_k(t) \mid < 1 \; (t \neq 0)$$

令
$$g_{k,n-1}(t) = \prod_{j=k}^{n-1} g_j(t), \; k = 0, 1, 2, \cdots, n-1$$

且
$$\mid g_{n,n-1}(t) \mid = 1$$

将式(20)~(22)改为

$$P_0 \mid g_{0,n-1}(t_0) \mid^{-1}$$
$$Q_{k-1} \mid g_{k,n-1}(t_0) \mid^{-1}, \; k = 1, 2, \cdots, n$$
$$R_k \mid g_{k,n-1}(t_0) \mid^{-1}, \; k = 1, 2, \cdots, n$$

则不仅可以得到定理 2 的同样结果，而且还具有更大的灵活性。

五、例子和误差分析

为了便于对照和分析，我们仍旧用文献[4]中的例子。设动态系统是一

维系统,其真实状态为 x_k,仅知满足:

$$|x_k - x_j| \leqslant \alpha |k - j| \tag{36}$$

量测系统为 $z_k = x_k + v_k$,其中 $\{v_k\}$ 是均值为零方差为 σ^2 的白噪声序列。在进行滤波时,假设把动态系统模型取作:

$$X_k = X_{k-1} \tag{37}$$

量测系统为:

$$Z_k = X_k + V_k \tag{38}$$

其中,$\{V_k\}$ 是(一维)零均值白噪声,且 $EV_k V_j = \sigma^2 \delta_{kj}$。以 X_k^* 表示加权滤波值,$\bar{X}_k$ 表示实际计算的滤波值。令 $\varepsilon_k = \bar{X}_k - X_k^*$。为简单起见,就取 $X_0^* = 0$,$P_0^* = \infty$。由加权滤波公式(10),有

$$X_n^* = \left(\sum_{k=0}^{n-1} q_k\right)^{-1} \left(\sum_{k=0}^{n-1} q_k Z_{n-k}\right) \tag{39}$$

从而

$$EX_n^* = \left(\sum_{k=0}^{n-1} q_k\right)^{-1} \left(\sum_{k=0}^{n-1} q_k EX_{n-k}\right)$$

式中,q_k 是由式(1)、(2)、(3)之一给出的权序列。

现在给出精度要求。当 $n \geqslant n_0$ 时,要求系统误差、随机误差、计算误差分别满足:

Ⅰ. $|Ex_n - EX_n^*| \leqslant 1$;
Ⅱ. $E(X_n^* - EX_n^*)^2 \leqslant 1$;
Ⅲ. $E\varepsilon_n^2 = E(\bar{X}_n - X_n^*)^2 \leqslant 1$。

1. 如果采用指数权序列(1),且令 $s = e^{-\beta}$,$0 < s < 1$(下同)。容易得到:

$$|EX_n - EX_n^*| \leqslant \left(\sum_{k=0}^{n-1} q_k\right)^{-1} \left(\sum_{k=0}^{n-1} k q_k\right) \alpha \xrightarrow[(n \to \infty)]{} \frac{s}{1-s}\alpha$$

$$E(X_n^* - EX_n^*)^2 = \left(\sum_{k=0}^{n-1} q_k\right)^{-2} \left(\sum_{k=0}^{n-1} q_k^2 \sigma^2\right) \xrightarrow[(n \to \infty)]{} \frac{1-s}{1+s}\sigma^2$$

为满足Ⅰ、Ⅱ,要求以上两式右端同时小于 1。

另外,由式(16),对应于权序列 $q_k = e^{-\beta k}$,有

$$\varepsilon_n = a_1 \varepsilon_{n-1} + \omega_n \quad (40)$$

ω_n 是相互独立的随机序列,并且有 $E\omega_n=0$,$\mathrm{Var}\omega_n=\delta^2$。由式(9),对应于权序列 $q_k=\mathrm{e}^{-\beta k}$,有 $a_1=\mathrm{e}^{-\beta}=s$,对于线性随机差分方程(40),它的自回归随机序列 ε_n 不难求出(参见文献[5]),并且

$$E\varepsilon_n^2 \xrightarrow[(n\to\infty)]{} \frac{\delta^2}{1-a_1^2} = \frac{\delta^2}{1-s^2}$$

为满足Ⅲ,要求上式右端小于1。

2. 若采用权序列(3),且令 $s=\mathrm{e}^{-\beta}$,则 $q_k=2s^k-s^{2k}$,同样可以得到:

$$|Ex_n - EX_n^*| \leqslant \left(\sum_{k=0}^{n-1} q_k\right)^{-1}\left(\sum_{k=0}^{n-1} kq_k\right)\alpha \xrightarrow[(n\to\infty)]{}$$

$$\left(\frac{2}{1-s} - \frac{1}{1-s^2}\right)^{-1}\left[\frac{2s}{(1-s)^2} - \frac{s^2}{(1-s^2)^2}\right]\alpha$$

$$E(X_n^* - EX_n^*)^2 = \left(\sum_{k=0}^{n-1} q_k\right)^{-2}\left(\sum_{k=0}^{n-1} q_k^2 \sigma^2\right) \xrightarrow[(n\to\infty)]{}$$

$$\left(\frac{2}{1-s} - \frac{1}{1-s^2}\right)^{-2}\left(\frac{4}{1-s^2} - \frac{4}{1-s^3} + \frac{1}{1-s^4}\right)\sigma^2$$

$$E\varepsilon_n^2 \xrightarrow[(n\to\infty)]{} \left(1 - a_1^2 - a_2^2 - \frac{2a_1^2 a_2}{1-a_2}\right)^{-1}\delta^2$$

$$= \frac{1+s^3}{1-s^2-s^3-s^4+s^5+s^6+s^7-s^9}\delta^2$$

式中 $a_1=s+s^2$,$a_2=-s^3$。为满足Ⅰ、Ⅱ、Ⅲ,要求以上三式右端同时小于1。

文献[4]的式(35)有错,式(35)应改为

$$\delta^2(1+s^3) < 1-s^2-s^3-s^4+s^5+s^6+s^7-s^9$$

同时文献[4]中在 p54 中关于系统误差的具体计算也有错,由于计算的差错,文献[4]中误认为权序列(3)比指数权序列(1)对指标的适应性要好,即在误差精度要求下,权序列(3)的 β 值范围比指数权序列的 β 值范围要大。其实不一定,仍以文献[4]中给出的具体参数值来分析

$$\sigma^2 = 210, \ \alpha = \frac{1}{100}, \ \delta^2 = \frac{1}{100} \quad (41)$$

若取 $s = \dfrac{169}{170}$，则情形 1 和情形 2 得到的结果都不能同时满足精度要求 Ⅰ、Ⅱ、Ⅲ。并且发现，情形 2 的结果除随机误差比情形 1 的结果稍小外，其他两种误差都比情形 1 的结果要大，计算误差尤其如此。事实上，在式(41)下，无论情形 1 或情形 2 都找不到满足精度要求Ⅰ、Ⅱ、Ⅲ的 β 值。当参数值取为：

$$\sigma^2 = 198,\ \alpha = \frac{1}{100},\ \delta^2 = \frac{1}{100} \tag{42}$$

若取 $s = \dfrac{99}{100}$，采用指数加权，能够同时满足Ⅰ、Ⅱ、Ⅲ；但采用权序列(3)的结果则不然。可见，就本例而言，指数加权的 β 值范围并不见得比使用权序列(3)的 β 值范围要窄。为了有目标地选取权序列，我们使用以下的权函数序列。

3. 若采用权函数序列(4)，即 $q_k(t) = (1+tk)\mathrm{e}^{-\beta k} = (1+tk)s^k$，$t \geqslant 0$。对本例的系统误差来说，只能按系统误差上界的优化来选取权序列。记系统误差上界的渐近状态：

$$F(t) = \Big(\sum_{k=0}^{\infty} q_k(t)\Big)^{-1} \Big(\sum_{k=0}^{\infty} k q_k(t)\Big) \alpha$$

不难算出

$$F(t) = \frac{s(1-s) + t(s^2 + s)}{(1-s)^2 + ts(1-s)} \alpha$$

不难验证对所有的 s，均有 $F'(t) > 0$。故 $F(t)$ 是单调增加函数。当 $t = 0$ 时，$F(t)$ 达到最小值 $\dfrac{s}{1-s}\alpha$。因此，为使系统误差上界取最小值，在权函数序列 $q_k(t) = (1+tk)\mathrm{e}^{-\beta k}$ 中，应选指数权序列 $q_k = q_k(0) = \mathrm{e}^{-\beta k}$。实际计算也验证了这一结论。当然，对其他误差也可以进行类似的讨论。

4. 若采用权函数序列(5)，即 $q_k(t) = t\mathrm{e}^{-\beta k} + (1-t)\mathrm{e}^{-t\beta k} = ts^k + (1-t)s^{tk}$，$t > 0$。记随机误差的渐近状态：

$$\Phi(t) = \Big(\sum_{k=0}^{\infty} q_k(t)\Big)^{-2} \Big(\sum_{k=0}^{\infty} q_k^2(t)\sigma^2\Big)$$

可以验证，对所有的 s，$\Phi'(1) = 0$，且 $\Phi''(1) < 0$。因此，为使随机误差达到优化，在权函数序列(5)中，选取指数权序列 $q_k(1)$ 是不适宜的。这与实

际计算结果完全相符。

5. 若采用权函数序列(6),即 $q_k(t)=|f_\xi(t)|^k$, $t\neq 0$。不妨设 ξ 服从参数为 $\beta>0$ 的 Poisson 分布,于是 ξ 的特征函数为

$$f_\xi(t)=e^{\beta(e^{it}-1)}$$

从而
$$q_k(t)=|f_\xi(t)|^k=e^{\beta k(\cos t-1)}$$

由于 $\cos t$ 是周期偶函数,故不妨取 $0<t\leqslant \pi$。容易算出:

$$F(t)=\Big(\sum_{k=0}^{\infty}q_k(t)\Big)^{-1}\Big(\sum_{k=0}^{\infty}kq_k(t)\Big)\alpha=\frac{\alpha}{e^{\beta(1-\cos t)}-1}$$

$$\Phi(t)=\Big(\sum_{k=0}^{\infty}q_k(t)\Big)^{-2}\Big(\sum_{k=0}^{\infty}q_k^2(t)\sigma^2\Big)=\frac{e^{\beta(1-\cos t)}-1}{e^{\beta(1-\cos t)}+1}\sigma^2$$

$$\psi(t)=(1-a_1^2)^{-1}\delta^2=\frac{\delta^2}{1-e^{-2\beta(1-\cos t)}}$$

取综合指标 $\qquad W(t)=\mu_1 F(t)+\mu_2\Phi(t)+\mu_3\psi(t)$

这里,μ_1、μ_2、μ_3 是适当选取的正的权因子,现在不妨取

$$\mu_1=\mu_2=\mu_3=1$$

由于在使用指数权序列的情形下,要求综合指标的最小值点,往往要用综合指标的二阶导数来判定,这常常是很麻烦的。现在使用权函数序列,由 $W(t)$ 的一阶导数,就可以定出包含最小值点的 β 值的范围。

在具体参数(42)下,可以验证,只有当 $0<\beta\leqslant 0.0062$ 时,$W'(t)\leqslant 0$。此时,$W(t)$ 是单调不增函数,故取 $t_0=\pi$。因此,选取权序列:

$$q_k(t_0)=e^{-2\beta k}$$

且知当 $0<\beta\leqslant 0.0062$ 时,可能使综合指标优化。并且 $W(\pi)$ 是 β 的函数,它的最小值点,必然在 $0<\beta\leqslant 0.0062$ 中取到。事实上,可以算出当 $\beta_0=0.0062$ 时,$W(\pi)$ 达到最小值。在上例中,β_0 的邻域内的 β 值,就能符合精度的要求。

由于各种指标的要求很可能是互相矛盾的,如系统误差随 β 减小而增加,随机误差随 β 增加而增加,我们只能统筹兼顾,有所轻重地综合加以满足。一种方法是,适当选取正的权因子 μ_1、μ_2、μ_3,以构成上述综合指标,做

到既统筹兼顾,又有所侧重,并且便于分析 β 值的范围。

参 考 文 献

[1] 中国科学数学研究所概率组.离散时间系统滤波的数学方法[M].北京:国防工业出版社,1975.
[2] T. J. Tarn, J. Zaborszky. AIAA J., 1970, 8(6):1127-1133.
[3] H. W. Sorenson, J. E. Sacks. Information Scionces, 1971, 3(2):101-109.
[4] 安鸿志.加权滤波方法[J].数学的实践与认识,1973(4):47-56.
[5] U. 格列南特,M. 罗孙勃勒特.平稳时间序列的统计分析[M].上海:上海科学技术出版社,1957.

可调中心距齿轮副空程的理论分析和计算*

提要 本文对引入齿数比的动态数学模型,运用随机过程理论,严格分析论证了空程的各种统计特性,并据此求出工程设计时空程的计算公式及有关参数:均值系数、标准差系数和取值系数等。

一、引 言

可调中心距是减少传动链空程的有效和经济的结构措施,在以往制定的国内外标准化计算方法和有关指导性技术文件中,大多未包含可调中心距齿轮副空程的计算方法。有的虽然有涉及,但却假定可调中心距齿轮副空程服从正态分布,这与实际情况不符。1984 年发布的小模数渐开线圆柱齿轮传动链精度计算方法(部标准 SJ2557-84),其理论分析、计算和实验验证结果可在文献中得到反映。然而,SJ2557-84 仅包含固定中心距齿轮副空程的计算方法,当时尚未解决可调中心距齿轮副空程的计算问题。另外,由于齿数比对可调中心距齿轮副齿隙的影响[1],引进齿数比乃是一个重要的课题,尽管这样会提高了问题的难度。

可调中心距小模数渐开线圆柱齿轮副传动精度计算方法部标准,已于 1987 年 10 月通过鉴定。作者将在本文集中阐述理论基础和工程计算公式的推导。

二、引进齿数比的数学模型

由于空程和齿隙的均值、标准差有着简单的折算关系,为了简洁,本文

---

* 本文合作者:龚振邦,原文发表于《应用科学学报》,1989,7(3):194-200.

以齿隙为考察对象。同时,由于可调中心距和固定中心距齿轮副传动误差的理论分析相同,而后者已在文献[2]中详细讨论过,故本文不再涉及传动误差的讨论。

当量综合旋转偏心矢量 $\boldsymbol{\rho}_1$、$\boldsymbol{\rho}_2$ 引起齿轮副径向变值齿隙分别为 $|\boldsymbol{\rho}_1|\sin\Phi_1$ 和 $|\boldsymbol{\rho}_2|\sin\Phi_2$,$\boldsymbol{\rho}_1$、$\boldsymbol{\rho}_2$ 两者引起合成的变值径向齿隙为

$$\Delta = |\boldsymbol{\rho}_1|\sin\Phi_1 + |\boldsymbol{\rho}_2|\sin\Phi_2 \tag{1}$$

式中,$\Phi_1 = \Phi_{01} + \omega_1 t$,$\Phi_2 = \Phi_{02} + \omega_2 t$。$\Phi_{01}$、$\Phi_{02}$ 和 ω_1、ω_2 分别为齿轮1、2当量综合旋转偏心矢量的初始相位角和角速度;Φ_{01}、Φ_{02} 在 $[0, 2\pi]$ 上服从均匀分布。令 $\rho_1 = |\boldsymbol{\rho}_1|$,$\rho_2 = |\boldsymbol{\rho}_2|$,$\rho_1$、$\rho_2$ 分别服从参数为 σ_1、σ_2 的 Rayleigh 分布,其密度函数为:

$$f_{\rho_i}(\rho_i) = \begin{cases} \dfrac{\rho_i}{\sigma_i^2} e^{-\frac{\rho_i^2}{2\sigma_i^2}} & \rho_i > 0 \\ 0 & \rho_i \leqslant 0 \end{cases} \quad (i = 1, 2)$$

σ_i 的大小由一系列原始误差的有关参数决定。

调整中心距的方法是在两齿轮随机装配下,将两齿轮的旋转中心靠拢,使其在转动过程中的最小径向齿隙为零,然后将中心距固定。这样,可调中心矩齿轮副径向齿隙应为:

$$\Delta' = \Delta + \max[\Delta] \tag{2}$$

记 $\Delta_p = \max[\Delta]$,它表示变值径向齿隙的峰值,式(2)中的 Δ 和 Δ' 均为随机过程,可表示为

$$\Delta'(t) = \Delta(t) + \Delta_p = \rho_1 \sin(\Phi_{01} + \omega_1 t) + \rho_2 \sin(\Phi_{02} + \omega_2 t) + \Delta_p \tag{3}$$

现在引进齿数比。令 Z_2、Z_1 为大小齿轮的齿数,Z_p 为它们的最大公约数,

$$\frac{Z_2}{Z_1} = \frac{b \cdot Z_p}{a \cdot Z_p} = \frac{b}{a} \geqslant 1,$$

$\dfrac{b}{a}$ 则称为齿数比。在式(3)中,作 Φ_{01}、Φ_{02} 的可逆线性变换

$$\begin{cases} \Theta_0 = \dfrac{a}{b}\Phi_{01} - \dfrac{\pi a}{2b} \\ \Phi = \dfrac{a}{b}\Phi_{01} - \Phi_{02} + \dfrac{(b-a)\pi}{2b} \end{cases} \quad (4)$$

式中,Θ_0 表示以齿轮 2 转角度量的 Δ 的初始相位,Δ 的相位 $\Theta = \Theta_0 + \omega_2 t$;$\Phi$ 表示以齿转 2 转角度量的齿轮副两当量综合旋转偏心矢量之间的初始相位差。

由式(4)易解出 $\Phi_{01} = \dfrac{b}{a}\Theta_0 + \dfrac{\pi}{2}$,$\Phi_{02} = \Theta_0 - \Phi + \dfrac{\pi}{2}$,代入式(3)得到含齿数比的动态模型为:

$$\Delta'(t) = \rho_1 \cos\dfrac{b}{a}(\Theta_0 + \omega_2 t) + \rho_2 \cos(\Theta_0 + \omega_2 t - \Phi) + \Delta_p \quad (5)$$

式中,$\Delta_p = \max\left[\rho_1\cos\dfrac{b}{a}(\Theta_0 + \omega_2 t) + \rho_2\cos(\Theta_0 + \omega_2 t - \Phi)\right]$。

由式(4)也易知 Θ_0 在 $\left[-\dfrac{\pi a}{2b}, \dfrac{3\pi a}{2b}\right]$ 上服从均匀分布,其分布密度为:

$$f_{\Theta_0}(\theta_0) = \begin{cases} \dfrac{b}{2\pi a} & -\dfrac{\pi a}{2b} \leqslant \theta_0 \leqslant \dfrac{3\pi a}{2b} \\ 0 & \text{其他} \end{cases} \quad (6)$$

由式(4)、(6)并利用 Φ_{01} 和 Φ_{02} 的独立性,不难求出 (Φ, Θ_0) 的联合分布密度

$$f_{\Phi,\Theta_0}(\varphi, \theta_0) = \begin{cases} \dfrac{b}{4\pi^2 a} & \theta_0 - \dfrac{3\pi}{2} \leqslant \varphi \leqslant \theta_0 + \dfrac{\pi}{2},\ -\dfrac{\pi a}{2b} \leqslant \theta_0 \leqslant \dfrac{3\pi a}{2b} \\ 0 & \text{其他} \end{cases} \quad (7)$$

由式(4)或由式(7)及公式

$$f_\Phi(\varphi) = \int_{-\infty}^{+\infty} f_{\Phi,\Theta_0}(\varphi, \theta_0)\,\mathrm{d}\theta_0$$

经推导运算均可求得 Φ 的分布密度如下:

$$f_\Phi(\varphi)=\begin{cases}0 & \varphi<-\dfrac{\pi(3b+a)}{2b}\\[6pt]\dfrac{b}{4\pi^2 a}\varphi+\dfrac{3b+a}{8\pi a} & -\dfrac{\pi(3b+a)}{2b}\leqslant\varphi<\dfrac{-3\pi(b-a)}{2b}\\[6pt]\dfrac{1}{2\pi} & \dfrac{-3\pi(b-a)}{2b}\leqslant\varphi<\dfrac{\pi(b-a)}{2b}\\[6pt]-\dfrac{b}{4\pi^2 a}\varphi+\dfrac{3a+b}{8\pi a} & \dfrac{\pi(b-a)}{2b}\leqslant\varphi<\dfrac{\pi(3a+b)}{2b}\\[6pt]0 & \varphi\geqslant\dfrac{\pi(3a+b)}{2b}\end{cases}\quad(8)$$

这是一个梯形分布(有的文章错为矩形分布)。当 $a=b=1$ 时退化为三角形分布,此时:

$$f_\Phi(\varphi)=\begin{cases}0 & \varphi<-2\pi\\[4pt]\dfrac{\varphi}{4\pi^2}+\dfrac{1}{2\pi} & -2\pi\leqslant\varphi<0\\[4pt]-\dfrac{\varphi}{4\pi^2}+\dfrac{1}{2\pi} & 0\leqslant\varphi<2\pi\\[4pt]0 & \varphi\geqslant 2\pi\end{cases}$$

由式(6)、(7)、(8)知,存在 θ 及 φ,使

$$f_{\Phi,\Theta_0}(\varphi,\theta_0)\neq f_\Phi(\varphi)\cdot f_{\Theta_0}(\theta_0)$$

故 Φ、Θ_0 不相互独立。另外,由式(6)、(7)、(8),可以算出

$$E(\Theta_0)=\int_{-\infty}^{+\infty}\theta_0\varphi_{\Theta_0}(\theta_0)\mathrm{d}\theta_0=\int_{-\infty}^{+\infty}\int_{-\infty}^{+\infty}\theta_0 f_{\Phi,\Theta_0}(\varphi,\theta_0)\mathrm{d}\varphi\mathrm{d}\theta_0=\frac{\pi a}{2b}$$

$$E(\Phi)=\int_{-\infty}^{+\infty}\varphi f_{\Phi(\varphi)}\mathrm{d}\varphi=\int_{-\infty}^{+\infty}\int_{-\infty}^{+\infty}\varphi f_{\Phi,\Theta_0}(\varphi,\theta_0)\mathrm{d}\varphi\mathrm{d}\theta_0=\frac{\pi}{2b}(a-b)$$

$$E(\Phi\Theta_0)=\int_{-\infty}^{+\infty}\int_{-\infty}^{+\infty}\varphi\theta_0 f_{\Phi,\Theta_0}(\varphi,\theta_0)\mathrm{d}\varphi\mathrm{d}\theta_0=\frac{\pi^2 a}{12b^2}(7a-3b)$$

由于 $$E(\Phi\Theta_0)\neq E(\Phi)E(\Theta_0)$$

所以 Φ、Θ_0 相关,有的文章错设 Φ、Θ_0 独立,而 Φ、Θ_0 的分布以及它们的不独立性和相关性,将对三、四中的理论分析和公式推导,产生重要影响。

三、动态模型的统计分析

可调中心距齿轮副径向齿隙由随机过程式(5)表示,首先考察变值径向齿隙:

$$\Delta(t) = \rho_1 \cos\frac{b}{a}(\Theta_0 + \omega_2 t) + \rho_2 \cos(\Theta_0 + \omega_2 t - \Phi)$$

利用偏心矢量大小和相位角的独立性,有

$$E[\Delta(t)] = E(\rho_1) E\left[\cos\frac{b}{a}(\Theta_0 + \omega_2 t)\right] + E(\rho_2) E[\cos(\Theta_0 + \omega_2 t - \Phi)]$$

由式(6)、(7),有

$$E\left[\cos\frac{b}{a}(\Theta_0 + \omega_2 t)\right] = \int_{-\frac{\pi a}{2b}}^{\frac{3\pi a}{2b}} \cos\frac{b}{a}(\theta_0 + \omega_2 t) \frac{b}{2\pi a} d\theta_0 = 0$$

$$E[\cos(\Theta_0 + \omega_2 t - \Phi)] = \int_{-\frac{\pi a}{2b}}^{\frac{3\pi a}{2b}} d\theta_0 \int_{\theta_0 - \frac{3\pi}{2}}^{\theta_0 + \frac{\pi}{2}} \cos(\theta_0 + \omega_2 t - \varphi) \frac{b}{4\pi^2 a} d\varphi = 0$$

故 $$E[\Delta(t)] = 0$$

同理,且利用 ρ_1、ρ_2 之间的独立性以及 $E(\rho_i) = \sqrt{\frac{\pi}{2}}\sigma_i$,$E(\rho_i^2) = 2\sigma_i^2$,$i=1,2$,经运算后可以得到 $\Delta(t)$ 的相关函数

$$\begin{aligned}
R(t, t+\tau) &= E[\Delta(t)\Delta(t+\tau)] \\
&= E(\rho_1^2) E\left[\cos\frac{b}{a}(\Theta_0 + \omega_2 t)\cos\frac{b}{a}(\Theta_0 + \omega_2 t + \omega_2 t)\right] \\
&\quad + E(\rho_1)E(\rho_2) E\left[\cos\frac{b}{a}(\Theta_0 + \omega_2 t)\cos(\Theta_0 + \omega_2 t + \omega_2 \tau - \Phi)\right] \\
&\quad + E(\rho_1)E(\rho_2) E\left[\cos(\Theta_0 + \omega_2 t - \Phi)\cos\frac{b}{a}(\Theta_0 + \omega_2 t + \omega_2 t)\right] \\
&\quad + E(\rho_2^2) E[\cos(\Theta_0 + \omega_2 t - \Phi)\cos(\Theta_0 + \omega_2 t + \omega_2 \tau - \Phi)] \\
&= \sigma_1^2 \cos\omega_1\tau + \sigma_2^2 \cos\omega_2\tau
\end{aligned}$$

可见 $\Delta(t)$ 是一广义平稳过程。同样，可以证明齿轮副径向齿隙 $\Delta'(t)$ 为广义平稳过程，在它的各个截口上均值和方差相同，同时不难得到

$$E[\Delta'(t)] = E(\Delta_p) \tag{9}$$

$$D[\Delta'(t)] = \sigma_1^2 + \sigma_2^2 + D(\Delta_p) \tag{10}$$

由式(1)可以求得过程 $\Delta(t)$ 的一维概率分布是正态分布，但其峰值 Δ_p 的概率分布却十分复杂，从而 $\Delta'(t)$ 的一维概率分布也无法用显式示出，更谈不上它的有限维分布族的显式表达。但是，对一个平稳正态过程 $X(t)$ 来说，在一定条件下，它的峰值分布为 Rayleigh 分布。

一般说来，随机过程 $X(t)$ 为均方连续的平稳正态过程的充分必要条件是它的谱分解式：

$$X(t) = \int_{-\infty}^{+\infty} e^{it\lambda} d\zeta(\lambda)$$

式中的随机谱函数 $\zeta(\lambda)$ 取为正态独立增量过程[3]。此时，$\zeta(t)$ 就是 Wiener 过程。因此，平稳正态过程就是 Wiener 过程的微分（广义函数意义下）的 Fourier 变换。在实用中，判别一个平稳过程又是正态过程可依下例方法进行。设单个齿轮与测量齿轮双啮时，其齿隙：

$$X_i(t) = \rho_i \sin(\Phi_{0i} + \omega_i t), \quad i = 1, 2 \tag{11}$$

ρ_i 服从参数为 σ_i 的 Rayleigh 分布，Φ_{0i} 在 $[0, 2\pi]$ 上服从均匀分布，ρ_i 和 Φ_{0i} 独立。另有随机过程

$$Y_i(t) = \xi_i \cos\omega_i t + \eta_i \sin\omega_i t, \quad i = 1, 2$$

式中，$\xi_i \sim N(0, \sigma_i^2)$，$\eta_i \sim N(0, \sigma_i^2)$，$\xi_i$、$\eta_i$ 独立。容易证明，$X_i(t)$，$Y_i(t)$ 均为平稳过程，一维分布均为正态分布；而且，过程 $X_i(t)$ 与 $Y_i(t)$ 有着完全相同有限维分布。对于任取的 $t_1, t_2, \cdots, t_n$，由于任何一个线性组合：

$$\sum_{j=1}^n \lambda_j Y_i(t_j) = \xi_i \left(\sum_{j=1}^n \lambda_j \cos\omega_i t_j\right) + \eta_i \left(\sum_{j=1}^n \lambda_j \sin\omega_i t_j\right)$$

不一定服从一维正态分布，故 $Y_i(t)$ 不是正态过程[4]。类似可证 $\Delta(t) = X_1(t) + X_2(t)$ 亦非正态过程。这样，$\Delta(t)$ 的峰值分布无法用显式表出，$\Delta'(t)$ 的一维概率分布要用统计模拟方法来实现，$\Delta'(t)$ 的特征要用数值积

分方法来求得。

经理论分析,还可以得出,广义平稳过程 $\Delta'(t)$ 关于均值和关于相关函数都不具有各态历经性(Ergodio 性)。因此,不能用一个样本函数关于时间的平均来代替集平均。

四、齿轮副径向齿隙及其峰值的特征和工程计算

由式(9)、(10)看到,需要求出峰值的特征 $E(\Delta_p)$ 和 $E(\Delta_p^2)$。记 $\Delta(t)$ 的峰值 Δ_p 的取值为:

$$\delta_p = \max\left[\rho_1 \cos\frac{b}{a}(\theta_0 + \omega_2 t) + \rho_2 \cos(\theta_0 + \omega_2 t - \varphi)\right] \quad (12)$$

则利用 ρ_1, ρ_2 以及 (ρ_1, ρ_2) 和 (Φ, Θ_0) 的独立性,有

$$E(\Delta p) = \int_{-\infty}^{+\infty}\int_{-\infty}^{+\infty}\int_{-\infty}^{+\infty}\int_{-\infty}^{+\infty} \delta_p f_{\rho_1,\rho_2,\Phi,\Theta_0}(\rho_1,\rho_2,\varphi,\theta_0) d\rho_1 d\rho_2 d\varphi d\theta_0$$

$$= \int_{-\infty}^{+\infty}\int_{-\infty}^{+\infty}\int_{-\infty}^{+\infty}\int_{-\infty}^{+\infty} \delta_p f_{\rho_1}(\rho_1) f_{\rho_2}(\rho_2) f_{\Phi,\Theta_0}(\varphi,\theta_0) d\rho_1 d\rho_2 d\varphi d\theta_0$$
(13)

再由 ρ_1, ρ_2 的分布及式(7),可得:

$$E(\Delta_p) = \int_0^{+\infty} d\rho_1 \int_0^{+\infty} \frac{\rho_1 \rho_2}{\sigma_1^2 \sigma_2^2} e^{-\frac{1}{2}\left(\frac{\rho_1^2}{\sigma_1^2}+\frac{\rho_2^2}{\sigma_2^2}\right)} d\rho_2 \int_{-\frac{\pi a}{2b}}^{\frac{3\pi a}{2b}} \frac{b}{4\pi^3 a} d\theta_0 \int_{\theta_0-\frac{3\pi}{2}}^{\theta_0+\frac{\pi}{2}} \delta_p d\varphi \quad (14)$$

同理,可得:

$$E(\Delta_p^2) = \int_0^{+\infty} d\rho_1 \int_0^{+\infty} \frac{\rho_1 \rho_2}{\sigma_1^2 \sigma_2^2} e^{-\frac{1}{2}\left(\frac{\rho_1^2}{\sigma_1^2}+\frac{\rho_2^2}{\sigma_2^2}\right)} d\rho_2 \int_{-\frac{\pi a}{2b}}^{\frac{3\pi a}{2b}} \frac{b}{4\pi^2 a} d\theta_0 \int_{\theta_0-\frac{3\pi}{2}}^{\theta_0+\frac{\pi}{2}} \delta_p^2 d\varphi$$
(15)

式(12)方括号内的函数对 $\omega_2 t$ 而言是周期函数,最小周期 $T = 2\pi a$,δ_p 可以通过搜索方法得到。式(14)、(15)是两个基本计算式,从它们出发,可以得到一系列的系数计算公式。

为了简化式(14)、(15)的计算,对式中的 ρ_1, ρ_2 进行变换,类似于文献[1],可得

$$E(\Delta_p) = K_{\mu p}(\sigma_1 + \sigma_2) \tag{16}$$

式中,$K_{\mu p}$称为峰值的均值系数,它由下式表出:

$$K_{\mu p} = \frac{3\lambda_0^3 \sqrt{2\pi} b}{8(1+\lambda_0)\pi^2 a} \int_{-\frac{\pi a}{2b}}^{\frac{3\pi a}{2b}} d\theta_0 \int_{\theta_0 - \frac{3\pi}{2}}^{\theta_0 + \frac{\pi}{2}} d\varphi$$

$$\times \left\{ \int_0^1 \frac{\lambda \max\left[\cos\frac{b}{a}(\theta_0 + \omega_2 t) + \lambda \cos(\theta_0 + \omega_2 t - \varphi)\right]}{(\lambda_0^2 + \lambda^2)^{5/2}} d\lambda \right. \tag{17}$$

$$\left. + \int_0^1 \frac{\beta \max\left[\beta \cos\frac{b}{a}(\theta_0 + \omega_2 t) + \cos(\theta_0 + \omega_2 t - \varphi)\right]}{(\lambda_0^2 \beta^2 + 1)^{5/2}} d\beta \right\}$$

由于

$$D(\Delta_p) = E(\Delta_p^2) - E^2(\Delta_p) = \frac{E(\Delta_p^2) - K_{\mu p}^2 (\sigma_1 + \sigma_2)^2}{\sigma_1^2 + \sigma_2^2}(\sigma_1^2 + \sigma_2^2)$$

$$= \left[\bar{K}_{\sigma p}^2 - K_{\mu p}^2 \frac{(1+\lambda_0)^2}{1+\lambda_0^2}\right](\sigma_1^2 + \sigma_2^2) = K_{\sigma p}^2(\sigma_1^2 + \sigma_2^2) \tag{18}$$

式中,$\bar{K}_{\sigma p}^2$称为峰值的均方值系数,有

$$\bar{K}_{\sigma p}^2 = \frac{E(\Delta_p^2)}{\sigma_1^2 + \sigma_2^2} \tag{19}$$

$K_{\sigma p}$称为峰值的标准差系数,有

$$K_{\sigma p} = \left[\bar{K}_{\sigma p}^2 - K_{\mu p}^2 \frac{(1+\lambda_0)^2}{1+\lambda_0^2}\right]^{\frac{1}{2}} \tag{20}$$

同样可得

$$\bar{K}_{\sigma p}^2 = \frac{2\lambda_0^4 b}{(1+\lambda_0^2)\pi^2 a} \int_{-\frac{\pi a}{2b}}^{\frac{3\pi a}{2b}} d\theta_0 \int_{\theta_0 - \frac{3\pi}{2}}^{\theta_0 + \frac{\pi}{2}} d\varphi$$

$$\times \left\{ \int_0^1 \frac{\lambda \max^2\left[\cos\frac{b}{a}(\theta_0 + \omega_2 t) + \lambda \cos(\theta_0 + \omega_2 t - \varphi)\right]}{(\lambda_0^2 + \lambda^3)^3} d\lambda \right. \tag{21}$$

$$\left. + \int_0^1 \frac{\beta \max^2\left[\beta \cos\frac{b}{a}(\theta_0 + \omega_2 t) + \cos(\theta_0 + \omega_2 t - \varphi)\right]}{(\lambda_0^2 \beta^2 + 1)^3} d\beta \right\}$$

由式(9)及(16)，可得 $\Delta'(t)$ 的均值 μ_r；由式(10),(18)，可得 $\Delta'(t)$ 的标准差 σ_r。

将 μ_r,σ_r 折算到齿轮副分度圆上，便是齿轮副圆周侧隙的均值 μ 和标准差 σ；再将 μ,σ 折算到齿轮副大齿轮轴上，便是空程的均值 μ_B 和标准差 σ_B。

因此，只要求出 $K_{\mu\rho}$、$\overline{K}_{\sigma\rho}^2$ 就能得到所需的特征，而 $K_{\mu\rho}$、$\overline{K}_{\sigma\rho}^2$ 是通过式(17)、(21)计算而得出。式(17)、(21)计算可采用数值积分法和统计模拟方法；同时，在全国范围内抽取齿轮进行试验验证。另外，用统计模拟法模拟 $\Delta'(t)$ 的概率分布。在置信概率 η 下，求得取值系数 t_η，从而得到空程的控制区域 $[0,K_\mu(\sigma_1+\sigma_2)+t_\eta K_\sigma\sqrt{\sigma_1^2+\sigma_2^2}]$、空程的均值、标准差、均方根值、置信概率对应的空程的控制区域以及可调中心距齿轮副最大空程 $B_{\max}$ 和最小空程 $B_{\min}$ 等，无论在生产检验中还是在工程设计上，都是体现精度要求，在传动过程中控制误差，判别产品质量的基本依据。因此，标准的研制和实施，将对充分保证产品质量，更大地提高经济效益发挥重要作用。

参 考 文 献

[1] 童宝义,郭晓松,陈旭.齿数比对可调中心距齿轮副齿隙的影响[J].电子机械工程,1987(4):81-87.
[2] 龚振邦,张荣欣.上海科技大学学报.齿轮链传动精度的动态分析和计算[J].1983,(2):27-40.
[3] 复旦大学.随机过程[M].北京:人民教育出版社,1981:115-228.
[4] 王梓坤.随机过程论[M].北京:科学出版社,1965:276-405.

传动精度工程分析中的几个理论问题*

摘要 本文对传动精度分析中涉及的几个理论问题,进行了解析研究与探讨,试图从理论上对一些错误观点予以澄清,使传动精度的统计计算建立在更合理、可靠和实用的基础上。

一、关于动态过程的数学描述

传统的传动精度统计计算方法[1-3]经过多年的实践,发现存在这样或那样的问题。近几年,许多单位先后对传动精度的统计计算方法开展了研究[4-7],这些研究各具有特色,但基本上仍然采用静态方法。为了从本质上反映动态过程,文献[8]中采用随机过程理论,对传动误差进行了动态分析,给出了传动误差和空程的工程实用计算方法。例如,设有 n 对齿轮副组成的传动链,在输出轴 r 上的传动误差 $\Delta T_r(t)$ 是一随机过程,由文献[8]知:

$$\Delta T_r(t) = \sum_{m=1}^{n} \frac{\Delta T_m(t)}{i_{jrm}} \tag{1}$$

式中 $\Delta T_m(t)$ 为第 m 对齿轮副在小齿轮($j=1$)或大齿轮($j=2$)上的传动误差,i_{jrm} 为第 m 对齿轮副的折算齿轮 j 到输出轴 r 的传动比。而齿轮副的传动误差 $\Delta T_m(t)$ 亦为随机过程,基本综合式为:

$$\Delta T_m(t) = \sum_{j=1}^{2} [\rho_{ij}\sin(\omega_i t + \theta_{ij}) + \rho_{sj}\sin(\omega_j t + \theta_{sj}) + \rho_{cj}\sin(\omega_j t + \theta_{cj})] \tag{2}$$

---

* 本文合作者:龚振邦,原文发表于《上海科技大学学报》,1985(1): 93 - 101.

式中，ρ_{ij}、ρ_{sj}、ρ_{cj} 均为偏心矢量的模，它们服从瑞利分布；θ_{ij}、θ_{sj}、θ_{cj} 均为当量偏心对应的初相位角，它们在 $[0, 2\pi]$ 上服从均匀分布。

由式(1)、(2)，容易证明[8] $\Delta T_r(t)$ 是一广义平稳随机过程，且 $\Delta T_r(t)$ 的均值和标准差 μ_T^r、σ_T^r 分别为

$$\mu_T^r = E[\Delta T_r(t)] = \sum_{m=1}^{n} \frac{E[\Delta T_m(t)]}{i_{jrm}}$$

$$\sigma_T^r = \sqrt{D[\Delta T_r(t)]} = \sqrt{\sum_{m=1}^{n} \frac{D[\Delta T_m(t)]}{i_{jrm}^2}} = \sqrt{\sum_{m=1}^{n} \left(\frac{\sigma_m^3}{i_{jrm}}\right)^2}$$

式中，σ_m^j 为第 m 个齿轮副在第 j ($j=1$ 或 2) 个齿轮上传动误差的标准差。

若任取 $t_1, t_2, \cdots, t_k \in [0, +\infty)$，则有[8]：

$$\Delta T_r(t_i) \sim N(0, (\sigma_T^r j^2)), \quad i = 1, 2, \cdots, k。$$

这样，传动链传动误差的统计计算式为

$$\Delta T_r(t) = \pm 3\sigma_T^r = \pm \sqrt{\sum_{m=1}^{n} \left(\frac{\sigma_m^j}{i_{jrm}}\right)^2} (99.7\%) t \in [0, +\infty)$$

进一步的讨论还知道，$\Delta T_r(t)$ 虽然关于均值是各态历经的，但关于方差却不是各态历经的，所以 $\Delta T_r(t)$ 是一个非各态历经的广义平稳随机过程。

对于空程的随机过程描述可类似地进行。以往的静态方法，带有很大的盲目性。首先，对于非平稳过程来说，关于时间的各个截口上的一维概率分布并不相同。此时，一个截口并无代表性。其次，即使在静态数据处理中，实际上也已用到了随机序列（参数离散的随机过程）。设过程为 $X(t)$，则 $X(t_1), X(t_2), \cdots, X(t_n)$ 为随机序列。随机序列 $X(t_i)$ 的现实 $x(t_i)$，$i = 1, 2, \cdots, n$ 称为数字时间序列。对于平稳过程，从平稳数字时间序列 $x(t_i)$，$i = 1, 2, \cdots, n$ 出发，可以进行有关的数据处理，相关分析和谱分析，这在静态法中是无法论证和展开的重要内容。还有，从随机过程的分类可以得到研究的途径，对不同随机过程采取不同的研究方法。

二、关于中心距不可调齿轮副侧隙的概率分布

关于固定中心距不可调齿轮副侧隙，文献[6]中使用的数学模型是：

$$\zeta = \xi_1 + \xi_2 + \xi_3 + \rho \tag{3}$$

式中,$\xi_i \sim N(\mu_i, \sigma_i^2)$,$i=1, 2, 3$；$\rho$ 服从瑞利分布,其分布密度为

$$P_\rho(a) = \begin{cases} \dfrac{a}{\sigma_0^2} e^{-\frac{a^2}{2\sigma_0^2}}, & a \geqslant 0 \\ 0, & a < 0 \end{cases}$$

令 $\xi = \xi_1 + \xi_2 + \xi_3$,且因 ξ_1、ξ_2、ξ_3 相互独立,故 ξ 亦服从正态分布。记 $\mu = \mu_1 + \mu_2 + \mu_3$,$\Sigma^2 = \sigma_1^2 + \sigma_2^2 + \sigma_3^2$,则有：

$$\xi \sim N(\mu, \Sigma^2)$$

因为 ξ_1、ξ_2、ξ_3、ρ 相互独立,故易证 $\xi = \xi_1 + \xi_2 + \xi_3$ 与 ρ 相互独立。由 $\zeta = \xi + \rho$ 及卷积公式,不难求出：

$$\begin{aligned}
P_\zeta(z) &= \int_{-\infty}^{+\infty} p_\xi(z-x) p_\rho(x) \mathrm{d}x = \frac{1}{\sqrt{2\pi \sigma_0^2} \Sigma} \int_0^\infty x e^{-\frac{(z-x-\mu)^2}{2\Sigma^2}} e^{-\frac{x^2}{2\sigma_0^2}} \mathrm{d}x \\
&= \frac{1}{\sigma_0^2 + \Sigma^2} \left\{ \frac{\Sigma}{\sqrt{2\pi}} e^{-\frac{(z-\mu)^2}{2\Sigma^2}} + \frac{\sigma_0(z-\mu)}{\sqrt{\sigma_0^2 + \Sigma^2}} e^{-\frac{(\sigma_0^2+\Sigma^2-1)(z-\mu)^2}{2x^2(\sigma_0^2+\Sigma^2)}} \cdot \right. \\
&\quad \left. \Phi\left[\frac{\sigma_0(z-\mu)}{\Sigma \sqrt{\sigma_0^2 + \Sigma^2}}\right] \right\}
\end{aligned} \tag{4}$$

式中,$-\infty < z < +\infty$,现在来求 ξ 的分布函数 $F_\zeta(x)$,由式(4)不难求得

$$\begin{aligned}
F_\zeta(z) &= \int_{-\infty}^{z} p_\zeta(u) \mathrm{d}u = \frac{\Sigma^2}{\sigma_0^2 + \Sigma^2} \Phi\left(\frac{z-u}{\Sigma}\right) - \frac{\sigma_0 \Sigma^2}{(\sigma_0^2 + \Sigma^2 - 1) \sqrt{\sigma_0^2 + \Sigma^2}} \cdot \\
&\quad \Phi\left[\frac{\sigma_0(z-\mu)}{\Sigma \sqrt{\sigma_0^2 + \Sigma^2}}\right] \cdot e^{-\frac{(\sigma_0^2+\Sigma^2-1)(z-\mu)^2}{2\Sigma^2(\sigma_0^2+\Sigma^2)}} \\
&\quad + \frac{\sigma_0^2 \Sigma^2}{(\sigma_0^2 + \Sigma^2 - 1) \sqrt{\Sigma^2 + 2\sigma_0^2 - 1} \sqrt{\sigma_0^2 + \Sigma^2}} \cdot \\
&\quad \Phi\left[\frac{\sqrt{\Sigma^2 + 2\sigma_0^2 - 1}(z-\mu)}{\Sigma \sqrt{\sigma_0^2 + \Sigma^2}}\right]
\end{aligned}$$

$$\tag{5}$$

式中，$-\infty < z < \infty$，且要求 $\Sigma^2 + 2\sigma_0^2 > 1$。

由式(5)，设 $\sigma_0 = \sqrt{2}$，$\Sigma = \sqrt{2}$，$\mu = 0$ 时，则有

$$P\{-2\sqrt{2} < \zeta < 2\sqrt{2}\} = F_\zeta(2\sqrt{2}) - F_\zeta(-2\sqrt{2}) = 0.679\,3 \quad (6)$$

$$P\{-3\sqrt{2} < \zeta < 3\sqrt{2}\} = F_\zeta(3\sqrt{2}) - F_\zeta(-3\sqrt{2}) = 0.781\,2 \quad (7)$$

$$P[-5\sqrt{2} < \zeta < 5\sqrt{2}] = F_\zeta(5\sqrt{2}) - F_\zeta(-5\sqrt{2}) = 0.798\,1 \quad (8)$$

若把 ξ 作为服从正态分布处理，且当 $\sigma_0 = \Sigma = \sqrt{2}$，$u = 0$ 时，由于 $E\zeta = \sqrt{\dfrac{\pi}{2}}\sigma_0 + \mu = \sqrt{\pi}$，$D\zeta = \left(2 - \dfrac{\pi}{2}\right)\sigma_0^2 + \Sigma^2 = 6 - \pi$，于是 $\zeta \sim N(\sqrt{\pi}, 6-\pi)$，故

$$P\{-2\sqrt{2} < \zeta < 2\sqrt{2}\} = \Phi\left(\frac{2\sqrt{2}-\sqrt{\pi}}{\sqrt{6-\pi}}\right) - \Phi\left(\frac{-2\sqrt{2}-\sqrt{\pi}}{\sqrt{6-\pi}}\right) = 0.729\,1 \quad (9)$$

$$P\{-3\sqrt{2} < \zeta < 3\sqrt{2}\} = \Phi\left(\frac{3\sqrt{2}-\sqrt{\pi}}{\sqrt{6-\pi}}\right) - \Phi\left(\frac{-3\sqrt{2}-\sqrt{\pi}}{\sqrt{6-\pi}}\right) = 0.927\,8 \quad (10)$$

$$P\{-5\sqrt{2} < \zeta < 5\sqrt{2}\} = \Phi\left(\frac{5\sqrt{2}-\sqrt{\pi}}{\sqrt{6-\pi}}\right) - \Phi\left(\frac{-5\sqrt{2}-\sqrt{\pi}}{\sqrt{6-\pi}}\right) = 0.999\,0 \quad (11)$$

比较式(6)与(9)，式(7)与(10)，式(8)与(11)，则可见，随着区间的增大，两种分布所对应的概率随之增大。因此，如文献[6]中那样，认为 ξ 近似地服从正态分布，将会引起较大的误差。在应用中心极限定理时，应按中心极限定理条件进行具体分析。如在式(3)中，被加项的分布和被加项的项数，对和分布逼近正态分布的程度很有关系。

三、关于中心距可调齿轮副侧隙的概率分布

齿轮副侧隙 $\Delta\bar{B}(t)$ 的近似综合式通常取为[2,3]

$$\Delta \bar{B}(t) = 2\tan\alpha \sum_{j=1}^{2} \{\rho_{ij}[1+\sin(\omega_j t + \theta_{ij})] + \rho_{sj}[1+\sin(\omega_j t + \theta_{sj})] \quad (12)$$
$$+ \rho_{cj}[1+\sin(\omega_j t + \theta_{cj})]\}$$

式中,ρ_{ij}、ρ_{sj}、ρ_{cj} 分别为当量偏心,轴偏心和间隙偏心的模,它们均服从瑞利分布;θ_{ij}、θ_{sj}、θ_{cj},均为在 $[0, 2\pi]$ 上服从均匀分布的随机变量。

考察式(12)各项的一般形式。为此,令

$$Y(t) = \rho[1 + \sin(\omega t + \theta)] \quad (13)$$

若任取 $t_1 \in [0, +\infty)$,且记 $\Phi = \omega t_1 + \theta$,则 Φ 在 $[\omega t, 2\pi + \omega t_1]$ 上服从均匀分布。由文献[8]知式(13)中的 $Y(t)$ 和式(12)中的 $\Delta \bar{B}(t)$ 都是广义平稳随机过程。如令 $Y = Y(t_1)$,则 Y 的概率分布就是过程 $Y(t)$ 的一维概率分布。设 ρ 服从的瑞利分布密度的参数为 σ,令

$$X = \rho \sin\Phi$$
$$Y = \rho(1 + \sin\Phi)$$

由于 $x = a\sin\varphi$,$y = a(1+\sin\varphi)$ 可得

$$\begin{cases} a = y - x \\ \varphi = \arcsin\dfrac{x}{y-x} \end{cases}$$

容易求得 Jacobi 行列式 $J_1 = \dfrac{-1}{\sqrt{y^2 - 2xy}}$,$J_2 = \dfrac{1}{\sqrt{y^2 - 2xy}}$。于是 X, Y 的联合分布密度为:

$$P_{X,Y}(x, y) = p_{\rho, \Phi}\left(y - x, \arcsin\dfrac{x}{y-x}\right) \dfrac{2}{\sqrt{y^2 - 2xy}}$$
$$= \dfrac{1}{\pi\sigma^2 \sqrt{y}}(y-x) e^{-\frac{(y-x)^2}{2\sigma^2}} \dfrac{1}{\sqrt{y - 2x}}, \; y > 0, \; x < \dfrac{y}{2}$$

故 Y 的分布密度为:

$$P_Y(y) = \dfrac{1}{\pi\sigma^2 \sqrt{y}} \int_{-\infty}^{y/2} (y-x) e^{-\frac{(y-x)^2}{2\sigma^2}} \dfrac{1}{\sqrt{y-2x}} dx, \; y > 0 \quad (14)$$

令 $\sqrt{y-2x}=u$,则式(14)变为

$$P_Y(y)=\frac{1}{2\pi\sigma^2\sqrt{y}}\int_0^\infty (y+u^2)e^{-\frac{(y+u^2)^2}{8\sigma^2}}du, \quad y>0 \tag{15}$$

式(15)的积分是含参变量的广义积分,由 Dirichlet 及 Weierstrass 判别法可证如下结论:

引理 1　令 $I(y)=\int_0^\infty (y+u^2)e^{-\frac{(y+u^2)^2}{8\sigma^2}}du$,则 $I(y)$ 在 $[0,+\infty)$ 内一致收敛。

由引理 1 及一致收敛积分的连续性定理、极限交换定理,容易得到以下性质:

性质 1　$P_Y(y)$ 是 $(0,+\infty)$ 内的连续函数。

性质 2　$\lim\limits_{y\to 0}P_Y(y)=+\infty$,$\lim\limits_{y\to+\infty}P_Y(y)=0$

进一步的讨论还可以得到如下性质:

性质 3　$P_Y(y)$ 在 $(0,+\infty)$ 内是严格递减函数。

由上述三个性质知,$P_Y(y)$ 的图形和正态分布 $N\left(\sqrt{\frac{\pi}{2}}\sigma,\left(3-\frac{\pi}{2}\right)\sigma^2\right)$ 差别很大。若把 $P_Y(y)$ 近似看作正态分布,就会造成显著误差。

事实上,若 $Y\sim N\left(\sqrt{\frac{\pi}{2}}\sigma,\left(3-\frac{\pi}{2}\right)\sigma^2\right)$,则

$$P(0<Y<4\sigma)=0.8424$$

若 Y 具有上述分布密度 $P_Y(y)$,则

$$P(0<Y<4\sigma)=\int_0^{4\sigma}P_Y(y)dy\approx 1$$

由式(12),$\Delta\bar{B}(t)$ 当固定 t 时,各项是相互独立但有不同分布的随机变量,且每项的密度函数形式如式(15)表出。由 $P_Y(y)$ 的性态及被加项的项数又嫌点少,故随意把 $\Delta B(t_1)$ 当作一从正态分布处理是不够恰当的。

四、实验数据处理上的问题

传动误差的各组成项可归结为形如:

$$X(t) = \rho \sin(\omega t + \theta) \tag{16}$$

的广义平稳过程。式中 ρ 服从参数 σ 的瑞利分布，θ 在 $[0, 2\pi]$ 上服从均匀分布。在啮合周期内固定 $t = t'$，则有 $X(t') \sim N(0, \sigma^2)$。

现在来考察 $X(t)$ 的各态历经性（Ergodic 性）：由文献[8]，已知均值 $EX(t) = 0$，相关函数 $R(\tau) = \sigma^2 \cos \omega t$，方差 $DX(t) = R(0) = \sigma^2$。$X(t)$ 关于时间的平均记为 $\langle X(t) \rangle$，则可算出

$$\langle X(t) \rangle = \lim_{T \to \infty} \frac{1}{T} \int_0^T X(t) \mathrm{d}t = 0$$

由于 $EX(t) = \langle X(t) \rangle$，所以 $X(t)$ 关于均值是各态历经的。$X(t)$ 关于时间的相关函数记为 $\langle X(t) X(t+\tau) \rangle$，也可算出：

$$\langle X(t) X(t+\tau) \rangle = \frac{\rho^2}{2} \cos \omega \tau$$

由于 $R(\tau) \neq \langle X(t) X(t+\tau) \rangle$，所以 $X(t)$ 关于相关函数或者关于方差都不是各态历经的。事实上，$X(t)$ 关于时间的方差：

$$\langle X(t) X(t) \rangle = \frac{\rho^2}{2} \neq \sigma^2 = DX(t)$$

因为平稳过程 $X(t)$ 关于方差不是各态历经的，所以不能用一次实验的数据求关于时间的方差来代替统计方差，而必须对齿轮副作 N 次实验。设采样时间为 $t_1, t_2, \cdots, t_m$，一般，取采样时间间隔相等。记 $X(t)$ 的样本函数（现实）为 $x(t)$，N 次实验结果得到 N 个样本函数 $x_1(t), x_2(t), \cdots, x_N(t)$。对任一截口 t_k，随机变量 $X(t_k)$ 的均值和方差可按下式求得

$$m(t_k) = EX(t_k) = \frac{1}{N} \sum_{i=1}^{N} x_i(t_k) \tag{17}$$

$$D(t_k) = DX(t_k) = \frac{1}{N} \sum_{i=1}^{N} [x_i(t_k) - m(t_k)]^2 \tag{18}$$

式(18)用下式来代替往往较为方便：

$$D(t_k) = \frac{1}{N} \sum_{i=1}^{N} [X_i(t_k)]^2 - [m(t_k)]^2 \tag{19}$$

由平稳过程特性,从理论上说,当 N 充分大时,取任一截口 $t_k(k=1,2,\cdots,m)$ 得到的均值和方差应当是充分接近两个常数 0 和 σ^2 的。但由于实验次数的限制,在 N 不够大的情况下,每一截口得到的均值和方差具有一定的波动性。为了充分利用数据信息,再按时间取算术平均,即取 $X(t)$ 的均值 $m(t)$ 为:

$$m(t)=\frac{1}{m}\sum_{k=1}^{m}m(t_k)=\frac{1}{mN}\sum_{k=1}^{m}\sum_{i=1}^{N}x_i(t_k) \quad (20)$$

式(20)表明,消除波动性的直观做法,是把 mN 个数据合起来求算术平均,这是可行的。同样,取 $X(t)$ 的方差为

$$D(t)=\frac{1}{m}\sum_{k=1}^{m}D(t_k)=\frac{1}{mN}\sum_{k=1}^{m}\sum_{i=1}^{N}[x_i(t_k)-m(t_k)]^2 \quad (21)$$

用式(20)的 $m(t)$ 来代替式(21)的 $m(t_k)$,情况只能更好。于是

$$D(t)=\frac{1}{mN}\sum_{k=1}^{m}\sum_{i=1}^{N}[x_i(t_k)-m(t)]^2 \quad (22)$$

式(22)表明,将 mN 个数据合起来求方差,也是可行的。

总之,对于均值和方差都是各态历经的平稳过程,应立足于求一个样本函数关于时间的平均量;对于平稳但非各态历经的随机过程,上述数据处理方法,是可行和有效的。

五、齿轮副传动误差、侧隙的置信概率和产品的合格率

文献[8]中提供的概率统计方法,能够对齿轮副在传动的任意时刻,起到有效的控制传动误差和侧隙的作用。以固定中心距齿轮副的侧隙为例,侧隙 ΔB 的极大极小误差为

$$\begin{aligned}&B_{\min}^{\max}=\mu_B\pm 3\sigma_B(\text{置信概率}\ 99.7\%)\\ &B_{\min}^{\max}\mu_B\pm 2\sigma_B(\text{置信概率}\ 95.5\%)\\ &B_{\min}^{\max}\mu_B\pm \sigma_B(\text{置信概率}\ 68.3\%)\end{aligned} \quad (23)$$

式中,μ_B、σ_B 分别为齿轮副侧隙 ΔB 的均值和标准差。若将 $y=\mu_B\pm 3\sigma_B$ 作为两条控制线,那么,在任意时刻,ΔB 以 99.7% 的置信概率落在两条控制线

以内,而超差的概率为 0.3%。即

$$P\{\mu_B - 3\sigma_B < \Delta B < \mu_B + 3\sigma_B\} = 99.7\% \tag{24}$$

$$P\{|\Delta B - \mu_B| \geq 3\sigma_B\} = 0.3\% \tag{25}$$

由于超差(即事件 $|\Delta B - \mu_B| \geq 3\sigma_B$)是一个小概率事件,在一次实验中几乎认为是不可能发生的。如果真的发生了,我们要考虑生产是否处于稳定状态或者有否非正常因素起作用。自然,也可以使用 $y = \mu_B \pm 2\sigma_B$ 控制线,控制线越窄,表明生产的稳定性要求越高。但控制线越窄,把生产正常误判为不正常的可能性也就越大。误判的概率等于显著水平。如采用控制线 $y = \mu_B \pm 2\sigma_B$,则误判的概率为 0.045;如采用控制线 $y = \mu_B \pm 3\sigma_B$,则误判的概率为 0.003。下面,均采用控制线 $y = \mu_B \pm 3\sigma_B$ 来进行讨论。

设使用 n 对齿轮副进行试验,得到平稳随机过程 $\Delta B(t)$ 的 n 个样本函数 $\Delta b_i(t)$ 若对每一样本函数曲线采样 l 次,则有 nl 个数据 $\Delta b_i(t_j)$, $i = 1, 2, \cdots, n; j = 1, 2, \cdots, l$。这 nl 个数据的每一个数据,事先估计超差的概率都是 0.003,事先估计不超差的概率都是 0.997。

1°. 如果在一条样本曲线上,只要有一点超差,就规定对应的齿轮副为废品,否则称为合格品。这样,如果作 n 次试验,并且假设 m 条样本曲线上仅有一点超差(这 m 个超差点无论在相同或不同的时间截口上),那么,废品率为 $\dfrac{m}{n}$,合格率为 $1 - \dfrac{m}{n}$。试问,此时合格率 $\dfrac{n-m}{n}$ 和置信概率 0.997 之间有何关系呢?

首先,这里的合格率是样本或现实的合格频率。在 1° 的规定下,由 Borel 强大数定律,这种合格频率以概率 1 收敛于合格概率(即 $\mu_B - 3\sigma_B < \Delta B(t) < \mu_B + 3\sigma_B$ 的概率),且

$$P\left\{\lim_{n \to \infty} \frac{n-m}{n} = 0.997\right\} = 1$$

自然,$\dfrac{n-m}{n}$ 也依概率收敛于 0.997,即对 $\varepsilon > 0$,有

$$\lim_{n \to \infty} P\left\{\left|\frac{n-m}{n} - 0.997\right| < \varepsilon\right\} = 1$$

同时，我们还可以算出在 1°的情况下恰有 m 个超差点的概率 p^*

$$p^* = \binom{n}{m}(0.003)^m(0.997)^{n-m}$$

例如，当 $n=10$, $m=5$, $p^*=6.03\times10^{-11}$。这种极小的概率表明，在生产正常情况下，这样的超差几乎根本不可能发生。

2°. 如果利用 n 对齿轮副作 n 次试验，并且假设 m 条样本曲线上的超差点数都大于或等于 1。例如，$n=10$, $m=5$，那么容易估计超差点同时发生的概率

$$p^* \leqslant 6.03\times10^{-11}$$

3°. 对于一般情形 2°，即在 n 次试验中有 m 条样本曲线的超差点数都大于 1。此时可规定样本曲线至少有两个超差点为废品（自然，按产品质量的特殊要求，亦可规定样本曲线至少有三个超差点为废品等等）。这时，可由样本信息对一大批齿轮副母体的废品概率（或合格概率）进行 0-1 分布参数的区间估计或参数假设检验，以考察差异的显著性。这样，可假设废品概率 $p_0 \leqslant 0.003$，为简单计，就作假设 $H_0: P_0=0.003$。m 服从二项分布，如令 $\xi = \dfrac{m}{n}$，则 $E(\xi)=p$，$D(\xi)=\dfrac{p(1-p)}{n}$。当 H_0 为真，由中心极限定理，统计量：

$$U = \frac{\xi - p_0}{\sqrt{\dfrac{1}{n}p_0(1-p_0)}} \tag{26}$$

的极限分布为 $N(0,1)$，如给出 $n=200$, $m=3$, $p_0=0.003$，可算出式(26)中 U 的值 $u=3.10$。给定显著水平 $a=0.05$，在标准正态分布表中查得临界值 $u_a=1.96$。由于 $u=3.10>1.96$，故在置信概率 0.95 下否定 H_0，即这批齿轮副的废品概率显著地超过了 $p_0=0.003$，因而不能出厂。

现在，小模数渐开线圆柱齿轮传动链精度计算方法部标准，经过理论论证和实验验证，已经审定通过。它的实施，必将对保证产品质量，缩短生产试制周期，实现小模数齿轮精度计算方法标准化、系列化和提高经济效益诸方面，发挥重大的作用。

参 考 文 献

［1］H.T.勃鲁也维奇.机构精确度[M].上海：上海科学技术出版社,1966.
［2］H.A.查别林.机构精确度计算[M].陕西：西安军事电讯工程学院,1962.
［3］G.W.密恰列克.精密齿轮传动装置[M].北京：国防工业出版社,1974.
［4］本书编写组.光学仪器设计手册：下册[M].北京：国防工业出版社,1972.
［5］王庭树.建立国标小模数齿轮侧隙体制的理论基础[J].成都电讯工程学院学报,1979.
［6］叶治华.圆柱齿轮副侧隙峰值法计算公式的实验验证[J].西北电讯工程学院学报,1983.
［7］童宝义.中心距可调齿轮副侧隙的实验验证[J].电子机械,1983.
［8］龚振邦,张荣欣.齿轮链传动精度的动态分析和计算[J].上海科技大学学报,1983(2).
［9］复旦大学.随机过程[M].北京：人民教育出版社,1981.
［10］王梓坤.随机过程论[M].北京：科学出版社,1965.

齿轮链传动精度的动态分析和计算*

摘要 对传动精度,无论是传动误差还是空程历来都认为在传动的各个位置上,误差是相互独立的随机变量,从而根据概率统计理论进行统计计算。实际上,传动中的误差是个动态过程,在各个位置上它们并不是独立的而是相关的。因此,过去那种静态的描述方法在理论上是欠缺的。本文根据随机过程理论,在讨论了各种基本的误差因素后,进行了动态分析,以估算传动误差和空程。

一、定义

定义 1 在齿轮副主动轮单向旋转过程中,从动轮的实际转角对理想转角之变动量,称为齿轮副的传动误差,记为 ΔT。

定义 2 在传动链输入轴单向旋转过程中,给出轴的实际转角与理想转角之变动量,称为传动链的传动误差,记为 ΔT_Σ。

定义 3 齿轮副主动轮反向旋转后到从动轮亦跟着反向时,从动轮在转角上的滞后量,称为齿轮副的空程、记为 ΔB。

定义 4 传动链输入轴反向旋转后到输出轴亦跟着反向时,输出轴在转角上的滞后量,称为传动链的空程,记为 ΔB_Σ。

上面是对从动轮或输出轴来定义的,仿此,同样可对主动轮或输入轴来定义。

二、传动误差的动态分析与统计计算

1. 齿轮副传动误差的基本综合式

造成齿轮副传动误差的因素主要有三项:齿轮本身各种加工误差对应

---

* 本文合作者:龚振邦,原文发表于《上海科学技术大学学报》,1983(2):27-40.

的传动误差,轴偏心对应的传动误差,齿轮内孔与轴配合间隙偏心对应的传动误差。

如图1(a)所示,在单啮动态测量仪上,齿轮1与2在节点P啮合,$n—n'$为法线,O_1、O_2分别为轮1,2的旋转中心。假定轮2为理想齿轮(绝对准确),轴2无偏心,轮2与轴2无配间隙。

(1) 齿轮本身各种加工误差对应的传动误差

设轴1无偏心,轮1与轴1无配合间隙,但轮1存在各种加工误差(几何偏心、运动偏心、齿形误差、周节误差、齿向误差等)。当轮2旋转时轮1将有传动误差。由单啮仪工原理可知,它测得的是传动误差在周向$C—C'$上的线值。即图1(a)中PC这一线段。PC的变化曲线如图1(b)所示,它就是切向综合误差(运动误差)曲线。PC就是齿轮1的节点在$C—C'$方向上位移量。这个位移量可看作为一个假想的当量旋转矢量$\vec{\rho}_i'$(图1(c))。在$C—C'$上的投影,所以齿轮1的传动误差(线值)$\Delta \bar{T}_i'$为:

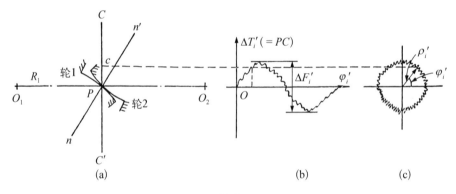

图1

$$\Delta \bar{T}_i' = |\vec{\rho}_i'| \sin \varphi_i' \tag{1}$$

式中,φ_i'为旋转矢量$\vec{\rho}_i'$的相位角。

角值传动误差$\Delta T_i'$为

$$\Delta T_i' = \frac{|\vec{\rho}_i'|}{R_1} \sin \varphi_i' \tag{2}$$

当量偏心的模$|\vec{\rho}_i'| = \rho_i'$与切向综合误差$\Delta F_i'$的关系为

$$\rho'_i = \frac{\Delta F'}{2} \tag{3}$$

（2）轴偏心对应的传动误差

设轮1绝对准确，轮1与轴1无配合间隙，但轴1存在偏心 $\vec{e}_s$，如图2(a)所示，τ—τ'为公切线，由于 $\vec{e}_s$ 的存在，轮1的几何中心将由 O_1 移到 O，位移量 $|\vec{e}_s|$ 在节点处可分解为两个分量：法向位移和切向位移，在 n—n' 方向上的法向位移引起齿轮1的传动误差，在 τ—τ' 方向上的切向位移不产生传动误差。法向位移 PN 的大小为

$$PN = |\vec{e}_s| \sin\varphi_s$$

式中，φ_s 为旋转矢量 $\vec{e}_s$ 的相位角。

轮1的角值传动误差 ΔT_s 为

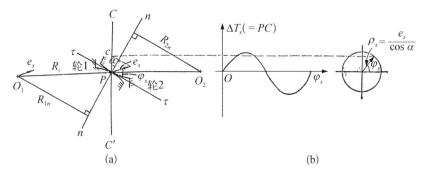

图 2

$$\Delta T_s = \frac{|\vec{e}_s| \sin\varphi_s}{R_{1n}} = \frac{\frac{|\vec{e}_s|}{\cos\alpha}}{R_1} \sin\varphi_s \tag{4}$$

式中，R_{1n}，R_1 分别为轮1的基圆半径和分度圆半径。

对应的线值传动误差 $\Delta \bar{T}_s$ 显然由式(4)可知为

$$\Delta \bar{T}_s = \frac{|\vec{e}_s|}{\cos\alpha} \sin\varphi_s \tag{5}$$

$\Delta \bar{T}_s$(即线段 FC)可看作为一个当量旋转偏心 $\vec{\rho}_s$ 在 C—C' 上的投影,而 $|\vec{\rho}_s| = \dfrac{|\vec{e}_s|}{\cos\alpha}$,所以 $\Delta \bar{T}_s$ 还可写为:

$$\Delta \bar{T}_s = |\vec{\rho}_s| \sin\varphi_s \tag{6}$$

偏心矢量 $\vec{e}_s$ 的模 $|\vec{\rho}_s| = \rho_s$ 与轴的径跳 ΔS 的关系为

$$e_s = \frac{\Delta S}{2} \tag{7}$$

当量偏心矢量 $\vec{\rho}_s$ 的模 $|\vec{\rho}_s| = \rho_s$ 与轴的径跳 ΔS 的关系为

$$\rho_s = \frac{e_s}{\cos\alpha} = \frac{\Delta S}{2\cos\alpha} \tag{8}$$

(3) 间隙偏心对应的传动误差

与"轴偏心对应的传动误差"一段相仿,间隙偏心 $|\vec{e}_c|$ 对应的角值传动误差 ΔT_c 为

$$\Delta T_c = \frac{\frac{|\vec{e}_s|}{\cos\alpha}}{R_1} \sin\varphi_c \tag{9}$$

式中,φ_c 为间隙偏心 $\vec{e}_c$ 的相应角。

线值传动误差 $\Delta \bar{T}_c$ 为

$$\Delta \bar{T}_c = |\vec{\rho}_c| \sin\varphi_c \tag{10}$$

当量偏心矢量 $\vec{\rho}_c$ 的模 $|\vec{\rho}_c| = P_c$ 与间隙偏心矢量 $\vec{e}_c$ 的模 $|\vec{e}_c| = e_c$ 跟间隙 ΔC 的关系为

$$\rho_C = \frac{e_C}{\cos\alpha} = \frac{\Delta C}{2\cos\alpha} \tag{11}$$

齿轮副的线值传动误差 $\Delta \bar{T}$ 基本综合式为

$$\Delta \bar{T} = \sum_{j=1}^{2}(\Delta \bar{T}'_{ij} + \Delta \bar{T}_{sj} + \Delta \bar{T}_{cj}) = \rho'_{i1}\sin\varphi'_{i1} + \rho'_{i2}\sin\varphi'_{i2} \\ + \rho_{s1}\sin\varphi_{s1} + \rho_{s2}\sin\varphi_{s2} + \rho_{c1}\sin\varphi_{c1} + \rho_{c2}\sin\varphi_{c2} \tag{12}$$

式中,偏心矢量的模 ρ 和相位角 φ 对一批齿轮副而言,均是随机变量。传动误差曲线如图 3 所示。

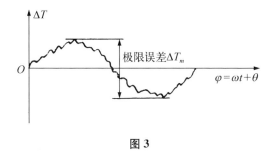

图 3

2. 传动误差的统计分析

由上子节可知,传动误差的各组成项可归结为如下的一般表达式:

$$\Delta \bar{T}_k = P \sin \Phi \tag{13}$$

而

$$\Phi = (\omega t + \Theta) \tag{14}$$

式中,Θ 为当量偏心的初相位角,也是一个随机变量;ω 为当量偏心的旋转速度;t 为时间。

所以

$$\Delta \bar{T}_k(t) = P \sin(\omega t + \Theta) \tag{15}$$

由此可见,在齿轮旋转过程中的传动误差是时间连续状态非离散的随机过程。下面根据随机过程理论对 $\Delta \bar{T}_k(t)$ 的分布律、平稳性及数字特征作一统计分析。

假定当量偏心 P 的大小遵从 Rayleigh 分布:

$$P(\rho) = \begin{cases} \dfrac{\rho}{\sigma^2} e^{-\frac{\rho^2}{2\sigma^2}} & \rho > 0 \\ 0 & \rho \leqslant 0 \end{cases} \tag{16}$$

初相位角 Θ 遵从均匀分布:

$$P(\theta) = \begin{cases} \dfrac{1}{2\pi} & 0 < \theta \leqslant 2\pi \\ 0 & 其他 \end{cases} \tag{17}$$

P 的均值、均方值和方差分别为：

$$E(P) = \sqrt{\frac{\pi}{2}} \sigma \tag{18}$$

$$E(P^2) = 2\sigma^2 \tag{19}$$

$$D(P) = E(P^2) - [E(P)]^2 = \left(2 - \frac{\pi}{2}\right)\sigma^2 \tag{20}$$

(1) 传动误差 $\Delta \bar{T}_k$ 的分布律

由于 Θ 服从均匀分布，在啮合周期内固定任意时刻(截口)t'，$0 < t' < \frac{2\pi}{\omega}$，有

$$\Delta \bar{T}_k(t') = P\sin(\omega t' + \Theta) \tag{21}$$

式中，P 为随机变量，$(\omega t' + \Theta)$ 为 Θ 的线性变换。令

$$\Phi = \omega t' + \Theta \tag{22}$$

则 φ 的概率密度为

$$P(\varphi) = \begin{cases} \dfrac{1}{2\pi}, & \omega t' < \varphi < 2\pi + \omega t' \\ 0, & \text{其他} \end{cases}$$

从而再令

$$\left.\begin{array}{l} X = \Delta \bar{T}_k = P\sin(\omega t' + \Theta) = P\sin\Phi \\ Y = P\cos(\omega t' + \Theta) = P\cos\Phi \end{array}\right\} \tag{23}$$

由于

$$x = \rho\sin\varphi$$
$$y = \rho\cos\varphi$$

可得

$$\left.\begin{array}{l} \rho = \sqrt{x^2 + y^2} \\ \varphi = \operatorname{arctg}\left(\dfrac{x}{y}\right) \end{array}\right\} \tag{24}$$

Jacobi 行列式

$$J = \begin{vmatrix} \dfrac{\partial \rho}{\partial x} & \dfrac{\partial \rho}{\partial y} \\ \dfrac{\partial \varphi}{\partial x} & \dfrac{\partial \varphi}{\partial y} \end{vmatrix} = \dfrac{1}{\sqrt{x^2+y^2}} = \dfrac{1}{\rho} \quad (25)$$

由于 P、Θ 相互独立,故 P、Φ 相互独立,从而 P、Φ 的联合概率密度

$$P(\rho, \varphi) = \dfrac{\rho}{\sigma^2} e^{-\frac{\rho^2}{2\sigma^2}} \cdot \dfrac{1}{2\pi} \quad (26)$$

而 X、Y 的联合概率密度

$$P(x,y) = P(\rho,\varphi)|J| = P\left[\sqrt{x^2+y^2}, \arctan\left(\dfrac{x}{y}\right)\right]|J| \quad (27)$$

$$= \dfrac{\sqrt{x^2+y^2}}{\sigma^2} e^{-\frac{x^2+y^2}{2\sigma^2}} \cdot \dfrac{1}{2\pi} \cdot \dfrac{1}{\rho} = \dfrac{1}{\sqrt{2\pi}\sigma} e^{-\frac{x^2}{2\sigma^2}} \cdot \dfrac{1}{\sqrt{2\pi}\sigma} e^{-\frac{y^2}{2\sigma^2}}$$

由式(27)知道 $A(X、Y)$ 关于 X 或 Y 的边际分布均为正态分布。即

$$P(x) = \dfrac{1}{\sqrt{2\pi}\sigma} e^{-\frac{x^2}{2\sigma^2}} \quad (28)$$

因为 $$X = \Delta \bar{T}_k$$

所以 $$\Delta \bar{T}_k \sim N(0, \sigma^2) \quad (29)$$

由此可见,传动误差 $\Delta \bar{T}_k$ 的一维分布律就是均值为 0,方差为 σ^2 的正态分布,若 $\Delta \bar{T}_k$ 的公差为 T_k,那么按置信概率为 99.73% 的"6σ 定则",标准差 σ 为

$$\sigma = \dfrac{T_k}{6} \quad (30)$$

(2) 传动误差 $\Delta \bar{T}_k$ 的平稳性分析及数字特征 $\Delta \bar{T}_k$ 的均值 $E[\Delta \bar{T}_k]$ 为

$$E[\Delta \bar{T}_k] = E[P\sin(\omega t + \Theta)]$$

由于 P 和 Θ 相互独立，按独立性的定理可知 P 和 $\sin(\omega t+\Theta)$ 也相互独立，故

$$E[\Delta \bar{T}_k] = E(P)E[\sin(\omega t+\Theta)] = \sqrt{\frac{\pi}{2}}\sigma \cdot \frac{1}{2\pi}\int_0^{2\pi}\sin(\omega t+\Theta)\mathrm{d}\theta = 0 \tag{31}$$

$\Delta \bar{T}_k$ 的相关函数 $R[t+\tau, t]$ 为

$$R[t+\tau, t] = E[\Delta \bar{T}_k(t+\tau)\Delta \bar{T}_k(t)] = E[P\sin(\omega t+\omega\tau+\Theta)P\sin(\omega t+\Theta)]$$

因为 P^2 和 $\sin(\omega t+\omega\tau+\Theta)\sin(\omega t+\Theta)$ 相互独立，所以

$$\begin{aligned} R[T+\tau, t] &= E(P^2)E\left[\frac{1}{2}\cos\omega\tau - \frac{1}{2}\cos(2\omega t+\omega\tau+2\Theta)\right] \\ &= \sigma^2\cos\omega\tau - \frac{\sigma^2}{2\pi}\int_0^{2\pi}\cos(2\omega t+\omega\tau+2\theta)\mathrm{d}\theta \\ &= \sigma^2\cos\omega\tau = R(\tau) \end{aligned} \tag{32}$$

上式表明传动误差 $\Delta \bar{T}_k$ 的相关函数 $R(t+\tau, t)$ 只是时间间隔 τ 的函数。由式(31)、(32)，按随机过程理论知道，$\Delta \bar{T}_k$ 为弱平稳过程，并且由于 $R(\tau) \neq 0$ 表示在齿轮旋转过程中各个时刻上的传动误差具有一定的相关性，即平稳相关性。

因为 $E[\Delta \bar{T}_k] = 0$，所以 $\Delta \bar{T}_k$ 的方差 $D[\Delta \bar{T}_k]$ 为：

$$D[\Delta \bar{T}_k] = R(t, t) = R(\tau)|_{\tau=0} = \sigma^2\cos\omega\tau|_{\tau=0} = \sigma^2 \tag{33}$$

$\Delta \bar{T}_k$ 的标准差

$$\sigma[\Delta \bar{T}_k] = \sqrt{D[\Delta \bar{T}_k]} = \sigma \tag{34}$$

若 $\Delta \bar{T}_k$ 的公差为 T_k，则

$$\sigma[\Delta \bar{T}_k] = \frac{T_k}{6} \tag{35}$$

经理论分析，还可以得出，上述弱平稳过程关于均值是各态历经的，然而关于相关函数却不是各态历经的。因此，不能用一个样本函数关于时间的平均来代替集平均。

3. 齿轮副传动误差的统计计算式

假定各种偏心的大小服从 Rayleigh 分布,初相位角服从均匀分布,各分项传动误差 $\Delta T_i'$, $\Delta \bar{T}_s$, $\Delta \bar{T}_c$ 的公差分别为 F_i', S, C,则有 $\Delta T_i'$ 的均值 $\overline{\mu_i'}$ 标准差 $\overline{\sigma_i'}$ 为

$$\overline{\mu_i'} = 0$$
$$\overline{\sigma_i'} = \frac{F_i'}{6} \tag{36}$$

$\Delta \bar{T}_s$ 的均值 $\bar{\mu}_s$,标准差 $\bar{\sigma}_s$ 为

$$\bar{\mu}_s = 0$$
$$\bar{\sigma}_s = \frac{s}{6\cos\alpha} \tag{37}$$

$\Delta \bar{T}_c$ 的均值 $\bar{\mu}_c$,标准差 $\bar{\sigma}_c$ 为

$$\bar{\mu}_c = 0$$
$$\bar{\sigma}_c = \frac{c}{6\cos\alpha} \tag{38}$$

对齿轮副而言,按概率论中均值、标准差的运算法则,其均值 μ_T,标准差 σ_T 为 $\bar{\mu}_T = 0$

$$\bar{\sigma}_T = \sqrt{\left(\frac{F_{i1}'}{6}\right)^2 + \left(\frac{F_{i2}'}{6}\right)^2 + \left(\frac{S_1}{6\cos\alpha}\right)^2 + \left(\frac{S_2}{6\cos\alpha}\right)^2 + \left(\frac{C_1}{6\cos\alpha}\right)^2 + \left(\frac{C_2}{6\cos\alpha}\right)^2} \tag{39}$$

式中,1,2 表示齿轮 1,2 的脚注。

齿轮副的角值传动误差 ΔT 的均值 μ_T,标准差 σ_T 为

$$\mu_T^j = 0$$
$$\sigma_T^j = \frac{6.88}{m_n z_j} \bar{\sigma}_T$$
$$= \frac{1.15}{m_n z_j} \sqrt{(F_{i1}')^2 + (F_{i2}')^2 + \left(\frac{S_1}{\cos\alpha}\right)^2 + \left(\frac{S_2}{\cos\alpha}\right)^2 + \left(\frac{C_1}{\cos\alpha}\right)^2 + \left(\frac{C_2}{\cos\alpha}\right)^2} \tag{40}$$

式中，m_n，z_j 为第 j 个齿轮的模数(单位：毫米)、齿数；

μ_T^j，σ_T^j 为齿轮副在第 j ($j=1$ 或 2)个齿轮上的传动误差的均值和标准差(单位为角分)。

齿轮副角值传动误差 ΔT 的均方根值 σ_{TmnS}^j 为

$$\sigma_{TmnS}^j = \sqrt{(\mu_T^j)^2 + (\sigma_T^j)^2} = \sigma_T^j \tag{41}$$

而角值传动误差 ΔT 的极限值 ΔT_m^j 为

$$\Delta_m^j = \pm 3\sigma_T^j = \pm \frac{3.44}{m_n z_j}\sqrt{(F_{i1}')^2 + (F_{i2}')^2 + 1.13(S_1^2 + S_2^2 + C_1^2 + C_2^2)}$$

（置信概率为 99.7%） (42)

4. 传动链传动误差的统计计算式

如图 4 所示的传动链,在输出轴 L 上的传动误差 ΔT_Σ^L 为各个齿轮副传动误差折算到出轴后的数值的综合，即

$$\Delta T_\Sigma^L = \sum_{k=1}^n \left(\frac{\Delta T_k^j}{i_{jLk}}\right) \tag{43}$$

式中,ΔT_k^j 为第 k 对齿轮副折算在小齿轮($j=1$)或大齿轮($j=2$)上的传动误差；i_{jLk} 为第 k 对齿轮副的折算齿轮 j 到输出轴 L 的传动比。

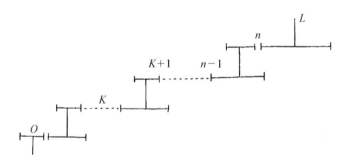

图 4

对一批传动链而言,Δ_Σ^L 是个随机变量,ΔT 的均值 μ_T^L,方差 D_T^L,标准差 σ_T^L 分别为

$$\mu_T^L = \sum_{k=1}^{n}\left(\frac{\mu_k^j}{i_{jLk}}\right) = 0 \tag{44}$$

$$D_T^L = \sum_{k=1}^{n}\left(\frac{D_k^j}{i_{jLk}^2}\right) = \sum_{k=1}^{n}\left(\frac{\sigma_k^j}{i_{jLk}}\right)^2 \tag{45}$$

$$\sigma_T^L = \sqrt{\sum_{k=1}^{n}\left(\frac{\sigma_k^j}{i_{jLk}}\right)^2} \tag{46}$$

传动链传动误差的统计计算式

$$\Delta T_\Sigma^L = \pm 3\sigma_T^L = \pm 3\sqrt{\sum_{k=1}^{n}\left(\frac{\sigma_k^j}{i_{jLk}}\right)^2} \quad (\text{置信概率为 } 99.7\%) \tag{47}$$

三、空程的动态分析和统计计算

1. 固定中心距齿轮副空程的基本综合式

固定中心距齿轮副空程的基本综合式造成空程的因素主要有：轮齿减薄、几何偏心、齿形误差、周节误差、齿向误差、传动中心距误差、轴偏心、齿轮内孔与轴的配合间隙偏心等。

轮齿减薄、传动中心距误差造成齿轮副的常值侧隙。几何偏心、齿形误差、周节误差、齿向误差等可用双啮动态测量仪测量，双啮仪测得的径向综合误差就是几何偏心、齿形误差、调节误差、齿向误差等的综合反映。径向综合误差、轴偏心、间隙偏心造成齿轮副的变值侧隙，它以齿轮一转为一个变化周期。

如图 5 所示，轮齿在中心距 O_1O_2 方向上的位移量 Δ、法向侧隙 N 与切向侧隙 N 的关系为

$$j = 2\tan\alpha \cdot \Delta$$
$$j = N/\cos\alpha \tag{48}$$

为了建立适合所有模数的计算公式，轮齿减薄选用公法线均长偏差 ΔEw 作为计算指标，对应的侧隙

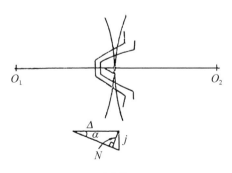

图 5

jw 为

$$jw = -\Delta Ew/\cos\alpha \tag{49}$$

传动中心距误差 Δf_a 对应的侧隙 j_a 为

$$j_a = 2\tan\alpha \cdot \Delta f_a \tag{50}$$

径向综合误差曲线如图 6 所示，它发生在中心距 O_1O_2 方向上，它可以看作为一个假想的当量旋转偏心矢量 $\vec{\rho}_i''$ 在中心距方向上的投影，对应的侧隙 j_i'' 为

$$j_i'' = 2\tan\alpha \, |\vec{\rho}_i''| \sin\varphi_i'' \tag{51}$$

式中，φ_i'' 为当量偏心 $\vec{\rho}_i''$ 的相位角。

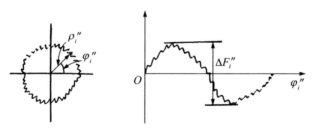

图 6

$$\rho_i'' = |\vec{\rho}_i''| = \frac{\Delta F_i''}{2} \tag{52}$$

轴偏心 $\vec{e}_s$，间隙偏心 $\vec{e}_c$ 对应的侧隙 j_s，j_c 分别为

$$j_s = 2\tan |\vec{e}_s| \sin\varphi_s \tag{53}$$

$$j_c = 2\tan |\vec{e}_c| \sin\varphi_c \tag{54}$$

而

$$e_s = |\vec{e}_s| = \frac{\Delta S}{2} \tag{55}$$

$$e_c = |\vec{e}_c| = \frac{\Delta C}{2} \tag{56}$$

式中，ΔS、ΔC 分别为轴的径跳、配合间隙。固定中心距齿轮副空程 $\Delta \bar{B}$ 的基

本综合式为

$$\Delta \bar{B} = J = \left[\sum_{j=1}^{2}(j_{\omega j} + j''_{ij} + j_{sj} + j_{cj})\right] + J_2$$

$$= \left[\left(-\frac{\Delta E_{w1}}{\cos\alpha}\right) + \left(-\frac{\Delta E_{w2}}{\cos\alpha}\right)\right] + 2\tan\alpha(\rho''_{i1}\sin\varphi''_{i1} + \rho''_{i2}\sin\varphi''_{i2}) +$$

$$2\tan\alpha(e_{s1}\sin\varphi_{s1} + e_{s2}\sin\varphi_{s2}) + 2\tan\alpha(e_{c1}\sin\varphi_{c1} + e_{c2}\sin\varphi_{c2}) + 2\tan\alpha\Delta f_a \tag{57}$$

式中，1，2 为小齿轮、大齿轮的脚注。

2. 固定中心距齿轮副空程的统计分析

在齿轮旋转过程中

$$\varphi''_i = \omega t + \theta''_i \tag{58}$$

$$\varphi_s = \omega t + \theta_s \tag{59}$$

$$\varphi_c = \omega t + \theta_c \tag{60}$$

由此可见，齿轮副空程 $\Delta\bar{B}$ 是个随机过程。动态空程曲线就如密恰列克在《精密齿轮传动装置》一书中的图 5-9(b)所示，即本文图 7 所示。

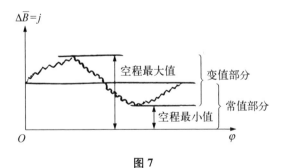

图 7

假定公法线均长偏差 ΔE_w 遵从正态分布，上、下偏差为 E_{ws}，E_{wi} 公差为 E_w，均值 μ_w，标准差是 σ_w 分别为

$$\mu_w = \frac{E_{ws} + E_{wi}}{2} \tag{61}$$

$$\sigma_w = \frac{E_w}{6} \tag{62}$$

假定传动中心距误差遵从正态分布，上、下偏差为 $\pm f_a$，其均值 μ_a，标准差 σ_a 为

$$\sigma_a = 0 \tag{63}$$

$$\sigma_a = \frac{f_a}{3} \tag{64}$$

假定造成变值空程的各类偏心矢量，其模遵从 Rayleigh 分布，初相位角遵从均匀分布，与二(2)关于随机过程的讨论相仿，得到随机过程 $p_i'' \sin \varphi_i''$，$e_s \sin \varphi_s$，$e_c \sin \varphi_c$ 的一维分布都是正态分布，并且它们都是零均值的弱平稳过程，其均值、标准差分别为

$$\mu_i'' = \mu_s = \mu_c = 0 \tag{65}$$

$$\sigma_j'' = \frac{F_i''}{6} \tag{66}$$

$$\sigma_s = \frac{s}{6} \tag{67}$$

$$\sigma_c = \frac{c}{6} \tag{68}$$

按式(57)，得到 $\Delta \bar{B}$ 的均值 $\bar{\mu}_B$，标准差 $\bar{\sigma}_B$ 分别为

$$\bar{\mu}_B = -\left(\frac{E_{ws_1} + E_{wi_1}}{2\cos\alpha} + \frac{E_{ws_2} + E_{wi_2}}{2\cos\alpha} \right) \tag{69}$$

$$\bar{\sigma}_B = \left[\left(\frac{Ew_1}{6\cos\alpha} \right)^2 + \left(\frac{Ew_2}{6\cos\alpha} \right)^2 + \left(\frac{\tan\alpha F_{i1}''}{3} \right)^2 + \left(\frac{\tan\alpha F_{i2}''}{3} \right)^2 + \left(\frac{\tan\alpha s_1}{3} \right)^2 + \left(\frac{\tan\alpha s_2}{3} \right)^2 + \left(\frac{\tan\alpha c_1}{3} \right)^2 + \left(\frac{\tan\alpha c_2}{3} \right)^2 + \left(\frac{2\tan\alpha f_a}{3} \right)^2 \right]^{\frac{1}{2}}$$

$$\tag{70}$$

齿轮副角值空程 ΔB 的均值 μ_B，标准差 σ_B 为

$$\mu_B^j = \frac{6.88}{m_n z_j} \bar{\mu}_B \tag{71}$$

$$\sigma_B^i = \frac{6.88}{m_n z_j}\bar{\sigma}_B \tag{72}$$

角值空程的均方根值 σ_{Brms}^i 为

$$\sigma_{Brms}^i = \sqrt{(\mu_B^i)^2 + (\sigma_B^i)^2} \tag{73}$$

角值空程的极限值 ΔB_m^j 为

$$\Delta B_m^j = \mu_B^i \pm 3\sigma_B^i \text{（置信概率为 } 99.7\%\text{）} \tag{74}$$

3. 可调中心距齿轮副空程的统计分析

调整中心距就是反复多次将齿轮靠拢,试旋转,靠拢,再试旋转,直至齿轮副既不卡死、旋转灵活,又把最小侧隙调整掉,也就是将图 8 中的 $O\varphi$ 线移

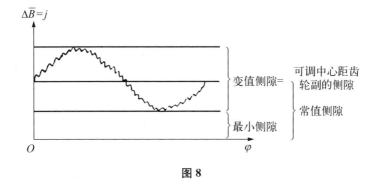

图 8

到 $O\varphi'$ 的位置。故调整后的最小侧隙可假定为 0:

$$\Delta B_{a\min} = 0 \tag{75}$$

在其余位置上,齿轮副侧隙 $\Delta \bar{B}_a$ 的基本综合式为

$$\begin{aligned}
\Delta \bar{B}_a &= 2\tan\alpha \sum_{j=1}^{2} [\rho_{ij}''(1+\sin\varphi_{ij}'') + \rho_{sj}(1+\sin\varphi_{sj}) + \rho_{cj}(1+\sin\varphi_{cj})] \\
&= 2\tan\alpha \sum_{j=1}^{2} \{\rho_{ij}''[1+\sin(\omega_j t + \theta_{ij})] + \rho_{sj}[1+\sin(\omega_j t + \theta_{sj})] \\
&\quad + \rho_{cj}[1+\sin(\omega_i t + \theta_{cj})]\}
\end{aligned} \tag{76}$$

假定 ρ_{ij}''、ρ_{sj}、ρ_{cj} 服从 Rayleigh 分布,初相位角 θ_{ij}''、θ_{sj}、θ_{cj} 服从均匀分布,

按概率论和随机过程理论,仿前面相似部分的推导,可得到可调中心距齿轮副空程 $\Delta \bar{B}_a$ 是平稳过程,其均值 $\bar{\mu}_{Ba}$ 标准差 $\bar{\sigma}_{Ba}$ 为

$$\bar{\mu}_{Ba} = 2\tan\alpha \sum_{j=1}^{2} \left(\sqrt{\frac{\pi}{2}} \sigma_{ij}'' + \sqrt{\frac{\pi}{2}} \sigma_{sj} + \sqrt{\frac{\pi}{2}} \sigma_{cj} \right) \tag{77}$$

$$\bar{\sigma}_{Ba} = 2\tan\alpha \sqrt{\sum_{j=1}^{2} \left(3 - \frac{\pi}{2}\right) \left[(\sigma_{ij}'')^2 + (\sigma_{sj})^2 + (\sigma_{cj})^2\right]} \tag{78}$$

可调中心距齿轮副空程 $\Delta\bar{B}$ 的均方根值 σ_{Barms} 为

$$\sigma_{Barms} = \sqrt{\mu_{Ba}^2 + \sigma_{Ba}^2} \tag{79}$$

在这里需要指出的是可调中心距齿轮副空程 $\Delta\bar{B}_a$ 的一维概率密度分布并非正态分布,而是一种偏态分布,故其极限值不能简单地通过 6σ 定则得到。但是由图 8 可知,$\Delta\bar{B}_a$ 的最大值就是可变侧隙的分布范围,即可变侧隙的最大峰对峰值。仅就可变侧隙 ΔB_c 而言,其基本综合式与传动误差有类似之处,即

$$\Delta\bar{B}_c = 2\tan\alpha \sum_{j=1}^{2} \left[\rho_{ij}'' \sin(\omega_j t + \theta_{ij}'') + \rho_{sj}\sin(\omega_j t + \theta_{sj}) + \rho_{cj}\sin(\omega_j t + \theta_{cj})\right] \tag{80}$$

对上式按随机过程理论进行分析,可得到 ΔB_c 的一维分布就是正态分布,其均值为零,标准差 σ_{Bc} 为

$$\bar{\sigma}_{Bc} = 2\tan\alpha \sqrt{\sum_{j=1}^{2} \left[\left(\frac{F_{ij}''}{6}\right)^2 + \left(\frac{S_j}{6}\right)^2 + \left(\frac{C_j}{6}\right)^2\right]} \tag{81}$$

从而得到可调中心距齿轮副空程的最大值 $\Delta\bar{B}_{a\max}$ 为

$$\Delta\bar{B}_{a\max} = 6\bar{\sigma}_{Bc} = 2\tan\alpha \sqrt{\sum_{j=1}^{2} \left[(F_{ij}'')^2 + (S_j)^2 + (C_j)^2\right]} \tag{82}$$

可调中心距齿轮副的角值空程 ΔB_c 的均值、标准差、均方根值、最大值只要将相应的线值进行折算即可得到,这里不再累述。

4. 传动链空程的统计计算

如图 4 所示的传动链,在输出轴 L 上的空程 ΔB_Σ^L;只要将各齿轮副的空

程折算到输出轴后加以统计综合,公式与(44)～(47)相仿,限于篇幅,这里从略。

参 考 文 献

[1] 王梓坤.概率论基础及其应用[M].北京:科学出版社,1979.
[2] 王梓坤.随机过程论[M].北京:科学出版社,1965.
[3] H. F.勃鲁也维奇.机构精确度[M].上海:上海科学技术出版社,1966.
[4] G. W.密恰列克.精密齿轮传动装置:理论与实践[M].北京:国防工业出版社,1978.
[5] 龚振邦,陈守春.伺服机械传动装置[M].北京:国防工业出版社,1980.
[6] 小模数齿轮传动计算标准工作组.传动椭度计算方法[Z].内部资料.

高等教育与教学研究

破陈腐观念　育新型人才[*]

近来关于教育思想的讨论中,人们经常提到一个问题:中华人民共和国成立后培养的大学毕业生,至"六五"期间已有310万人,为社会主义建设作出了很大的贡献,不少优秀人才已经造诣不凡,硕果累累。然而,出类拔萃者、才华横溢者、创造力很强的人毕竟太少。这使得在我国的科学技术中,学派很少,重大开拓性进展和突出的独创性发明还不多。作为一个拥有五千年文化传统的大国来说,这是不相称的。万里同志对传统教育思想进行了深刻的分析:"如果不彻底改变这种教育思想和教学方法,即使国家增加很多经费,仍然培养不出大量的适应新时代需要的新型人才,特别是第一流人才。"我们必须花大力气破除一些陈腐的传统教育观念。

一、破除陈腐的人才观念

我国几千年封建社会的选才制度、教育制度和考试制度,对人们的教育观念有着深广的影响。中国共产党第十一届中央委员会第三次全体会议以来,我国在重视知识和开发人才方面取得了巨大的成绩。但由于传统观念的影响,社会上片面强调文凭、学历,轻视实际能力和真才实学的情况时有所见。重理论轻技术,特别是鄙薄工艺的现象由来已久。单纯以学衔、学位鉴别和使用人才,以分数区分优生和差生的做法值得商榷。为分数而被动学习,为学衔而从事研究的人也为数不少。目前,各大学都十分重视本科生考取研究生的比例,这对发展研究生教育是有

---

[*] 原文发表于《上海高教研究》,1986(2): 29-31.

益的，但首先要保证本科生的质量，而这个质量并不单是由升入研究生的比例来衡量的。

传统的评价标准和考核方法存在着严重缺陷。优等生应该是高分生，然而高分生并不一定是优等生。为了有效地改变部分大学生"高分低能"的状况，我们一方面要提高试题的质量，把重点由偏于记忆转向对主要内容的理解和分析上，转向运用知识去评价和解决新课题上。另一方面，要改革现行的考试制度，采取多种考核形式，避免一次考试定局和把分数的作用提高到不适当的位置。在大学的考核中，应当十分重视和鼓励学生的独立思考能力和创造性。具有创造性思维和认识的独立性，才是优等生的重要标志。一个具有创造性的学生，总是对自己感兴趣的事物潜心探究，欲罢不能。他们不迷信权威，对教师传授的书本知识，往往会产生求异反应，于不疑处见疑。他们学习的目标是发现问题和发展知识。独立思考是优秀人才的共同特征。对一名大学生来说，独立思考主要体现在尊重事实，坚持真理，面对现有知识和理论，具有一种旺盛的追根究底的探索精神。

从选才用才的角度看，我国目前基本上还处于"学历社会"之中，但注重学历终究要为注重实际能力所取代的；从衡量优秀学生的角度看，不少学校还处于"高分即优"阶段，但追求高分终究要为发展创造力所取代的，希望这个取代的进程越短越好。

二、变革陈腐的教学观念

教学观念主要体现在教学的着眼点和教学的重心上。传统教学着眼于学生学习知识和积累知识，教学的重心则是教师单纯地传授知识。传统的教学过程大体是按照以下框架展开的：教师传授知识活动以及学生复现认识活动。在这样的教学过程中，教师往往不留余地地"灌"，把真理奉献给学生，实际上片面强调了教师在教学中起决定性的作用，而相对忽视了教师在教学中的引导作用。在传统教学过程中，学生逐渐习惯于重复别人的思想并固守在一定的知识圈内。不少学生把知识变成了积压物资，甚至变成沉重的包袱。他们缺乏科学方法论的武装，不善于把知识作为获得新知识和进行科学发现的手段。学生的智力特别是创造思维能力的发展，必然受到阻碍和损害。

新的教学思想要求在教学上把着眼点转移到发展学生的能力特别是思维能力上,把教学重心转移到传授知识和开发智能的结合上。在高等学校中,教要强调引导,学要强调探索。执教之功,重在引导;求学之效,贵在探索。这样,才能密切教和学的联系,最大限度地调动和发挥学生的主动性,取得教学过程的总体优化。

三、引进科学研究和改革教学过程

把科学研究引进整个教学过程之中,这是现代高等教育的一大特征。传统教学思想片面地强调了教学过程区别于科研过程的特殊性,而忽视了它们之间的相通性。对教师来说,传授真理和探索真理固然不是一回事,但启发式教学要求教师善于启迪学生思索,有时还要再现探索过程或者模拟研究过程,引导学生重视科学方法论,在教学中穿插讲一点科学发展史,把科学的思维方法、方式和技巧展现在学生的面前。所有这些,都要求教师不仅要熟悉科研过程,而且要善于把两个过程有机地结合起来。对学生来说,虽然主要是从间接经验中获得对客观世界规律性的认识,但实现这个认识的程序总是从已知去探索未知。学生的认识过程和科研过程不仅在认识规律上相通,在发展创造力上更应该是相通的。

改革教学过程的决策之一,是把科学研究作为教学过程的重要组成部分。教学计划中不仅要规定学生从事科研活动的时间,安排诸如学年论文、毕业论文、课程设计、毕业设计等环节,开设《科学方法论》《科研基础》《科技情报》《文献检索》等课程,而且要在整个教学过程中把提高智能、发展创造力放在首位。

大学生处于从广义的创造力向狭义的创造力过渡的阶段,处于最佳创造年龄的开始阶段,忽视这个时期创造力的培养是极为有害的。另外,创造力虽然依赖于一定的基础知识,但它不一定随着学历和知识的增长而自然增长。科研过程是培养创造力的沃土。因此,不能等到学成之后再来培养创造力,而需要尽早地引导大学生参加科研活动,鼓励和指导他们有所创见和创新,从而取得优异的研究成果。而在整个教学环节上,则应注重大学生创造性思维能力的发展。创造性思维立足于知识和经验的基础上,经过想象、构思和设计,以一种新的方式解决前人未曾解决的问题。创造性思维具有思维和想象两种功能,它是扩散性思维与集中性思维、直觉思维与逻辑思维相结合的产物。目前不少理工科大学生的想象力较为贫乏,这可能是知识面狭窄和重理轻文造成的。因此,拓宽大学生的知识面,改善他们的知识结构,提倡文理结合,是完全有必要的。

教学和科研相结合,有利于提高学生的独立工作能力,增强其毕业后就业的适应性,激发其智力活动的积极性,发展其创造性思维,培养检索情报资料的技能,从而养成良好的职业上所要求的重要个性品质。

四、全面因材施教和改革单一模式

苏霍姆林斯基说得好:"记住,没有也不可能有抽象的学生。"每个大学生都有其具体的个性心理特征和独特的知识结构。在大学生群体中,存在着智力差异、性格差异、兴趣差异、气质差异和动机差异等。教育者的责任,一方面要着力培养学生优良的个性心理品质,另一方面要尊重学生个性的特点,正视个性的差异,发展个性的优势。在大学生中,能力优势的情况是相当明显的。有的长于形象思维,有的长于逻辑思维,有的理论思维不错,有的动手技能过人。至于兴趣以及源于兴趣并表现出从事某种活动意向的爱好,更是丰富多样。翻开科学史,杰出人才的成长特点和个性真是千姿百态,绝不是一个模式"浇铸"出来的。

传统教育刻板、单一的模式,既损害了教师教学特点的发挥,又磨平了学生个性优势的锋芒。统一大纲、统一教材、统一进度、统一教学法、统一课堂教学(姑且不论统一招生和统一分配),统得过多,就很难贯彻因材施教的原则。因材施教不仅要照顾两头,还要面向大多数学生,使每一个学生都能得到全面的发展。这样,局限于课堂教学和课外辅导是不够的,需要让学生在一个合理的教学系统所构成的多维空间里充分发展自己的志趣专长和特殊才能。目前,各高校都很重视优异学生的培养,国际上的人才竞争主要体现在高质量人才的竞争上,加强优异人才的培育是十分必要的。因材施教也不局限于课堂教学和智育培养,它适用于德智体的全面发展教育。因此,全面因材施教的提法,是比较恰当的。

当然,因材施教要和高校的培养目标和专业人才规格结合起来。实际上,因材施教是有前提的。在培养目标和专业人才的严格要求下,一些教学环节保证计划性培养的基本要求,而另一些教学环节则提供了最佳发展的可能性。这样,才有利于调动大学生学习的主动性和积极性,才能培育出全面发展的新型人才。

改革教育思想　促进教材建设[*]

我国高等教育的教材建设经历了一个"先解决有无,再逐步提高"的过程。经过三十多年的努力,教材的有无问题已基本解决。现在,是如何提高质量的问题了,这是一项长期的更加艰巨的任务。

由于教材建设的思想性、学术性和政策性都很强,而且它是一项长期、艰苦、细致的工作。因此,教材的质量、教材的不同规格和特色、教材研究和教材评论、教材的编著出版政策等,无不涉及教育思想的一些基本问题。例如,新时期人才培养的目标和专业,教学原则和教学内容,教学和科研相结合,传授知识和培养能力相结合以及各种教学方法的合理结合问题等。教材建设要主动适应新时期经济和社会发展的需求,就必须编著出版一大批高质量、品种、风格千姿百态的教材。要开创这种新局面,眼下迫切的问题是要把改革教育思想和教材建设结合起来,端正编著和出版教材的指导思想,制定出有利于教材繁荣的政策措施,扎扎实实地把教材建设的基础工作做好。

一、改革教育思想是教材建设的基础

教育思想首先要回答的问题是教育的目的性,教材建设同样如此。中共中央颁布的《关于教育体制改革的决定》中指出,"教育必须为社会主义建设服务,社会主义建设必须依靠教育",这是发展教育必须遵循的根本指导思想。因此,教材建设一定要把立足点放在为我国的现代化建设服务上。

---

[*] 原文发表于《上海高教研究》,1987(1):21-23.

要面向现代化就要研究世界科学技术发展的趋势,更新教材内容,体现教材的先进性。教材的先进性一方面要适合不同层次专业规格的要求;另一方面要符合我国实际状况,特别是工程技术和农医类的教材,尤为如此。目前,教材内容陈旧是一个突出的问题,有的基础课教材虽然颇有影响,但沿用近三十年而无较大修改,其不适应性也日渐显露。教材内容更新当然有个逐步更换的过程,有的还要和中等教育统筹规划。在浩如烟海的内容中,如何精选?如何突破传统模式?怎样确立课程体系的基本结构和骨架?这是需要认真研讨的问题。

立足于社会主义现代化建设需要更多地面向未来。教材建设对开拓新学科、新材料、新技术和新能源领域,要给予更多的注意和支持。作为教学内容主要方面的教材,应当和我国优先和重点发展的领域相适应,为展现社会主义现代化建设的宏伟蓝图作出贡献。另外,以我国经济和高等教育的发展来看,今后,我们不但要加强对引进教材的消化分析和加工提炼,更应在开发新教材上有所作为,为实现四个现代化建设的宏伟目标提供具有中国特色的系列教材。

教育思想必须回答的另一问题是人才的培养目标,这也是教材建设需要认真研究的问题。《关于教育体制改革的决定》中明确了培养具有献身精神和科学精神的人才标准。这在政治素质和业务能力两方面提出了更高的要求。因此,在教学上也要实现这样的转移:把着眼点从学生学习知识、积累知识转移到发展学生的能力特别是思维能力上,把教学的重心从教师单纯传授知识转移到传授知识和开发智能的结合上。编著教材同样需要类似的转移。一般来说,教材以论述知识为主。但有的教材片面强调灌输知识,而忽视了培养能力的作用。有的甚至用定义、定理和结论堆砌起来,简单地把真理展示给读者。这种教材不利于学生的智能发展,甚至使学生如堕云雾,把学习视为畏途。教材要突出能力特别是思维能力、自学能力和运用知识分析和解决问题能力的培养。为了着眼于介绍知识和培养能力的有机结合,教材中要自始至终贯彻启发式原则,启迪读者积极思考,引导读者主动探索。通过启发式、讨论式、发现式等各种方法的合理运用,达到举一反三,触类旁通,领悟创造性思维的效果。

在教材建设中,也要及时引进一些科学研究成果。这种引进有三种含义。一是把有价值的学术文献引进教材,使教材保持活力,在一定程度上体现学科发展的前沿性,这对于丰富高年级和研究生的教材是有效的;二是鼓励作者编写可以作为专业教材的专著,把教材和专著结合起来,这有利于形成确有特色的高质量教材,充分发挥作者的研究心得和专长;三是教材中要特别注重方法论,恰到好处地介绍一些科学发展史,使学生逐步掌握研究的方法和手段,培养检索文献和资料的本领,发展创造精神和创造能力。

关于教学大纲在教材编写中的作用问题,常有所争议。有人认为教学大纲对教材约束太大,而且大纲定得很细,从而出现了"活"得不够、"统"得有余的局面。我认为,教材的编写和审稿总要有依据和衡量的尺度,教学大纲是具有约束作用的。但这种约束不宜刻板和细得不留余地,教学大纲应当"统而不死,活而不乱"。教材的基本内容应主要依据大纲要求,而伸展性内容可以超越大纲。这相当于课内和课外,前者保证了计划性培养的基本要求,后者则提供了最佳发展的可能性。然而,要改变教材"统"得有余的局面,关键在于端正教育思想,以切实措施来保证教材多样化的实现。

以往出版的一些同类教材,往往令人有大同小异之感。应当把教材的风格和特色,提高到教育思想上来认识。传统教育模式的刻板、单一,既损害了教师教学特点的发挥,又磨平了学生个性优势的棱角。人才成长的特点和个性是绚丽多彩的,无法用单一的模式"浇铸"出来。因此,在教材的编写过程中要注意贯彻"双百"方针的原则,鼓励教师根据自己的学术观点,编写出有特色的教材,反映优秀教师的专长和教学风格,以满足不同类型学生的需要。法国文学家布封有一句名言:"风格就是人。"法国作家大仲马和小仲马虽是父子,但他们的艺术风格大相径庭。前者以情节的曲折离奇取胜,后者则以真切自然的情理感人。教育的风格何尝不是这样。例如,有的教材长于精选内容,篇幅小而内涵大,常有伏笔,文字准确生动,读后既得要领又余味无穷;有的教材在层次、重点、难点的安排上由浅入深,由表及里,由事实到概念,由个别到一般,又由一般到个别,读来津津有味,豁然开朗,深受自学者的赞赏;有的教材在内容的论述上朴实无华,然而精选的习题和思考题带有很大的启发性和探索性,读者一经钻研,如入宝山。凡此种种,说明一本成熟的教材均有其独到之处,只有不同风格的交互辉映,才能呈现出教材繁荣的景象。

二、教育思想和教材的评价与政策

开展教材评价是提高教材质量的关键。然而评价标准和教育思想密切相关。教材的科学性和思想性，教材中理论和实际的联系，教材的内容及内容的深度广度等，都体现了当前教育界和作者的教育思想。评价教材和评选优秀教材是为了鼓励教师编写出高水平、高质量的教材，同时也为了更好地调动广大教师和科技人员的编写积极性。教材的评价和评选，广义上应包括教学用书（讲义）、教学参考书（讲义）、教学和实验的指导书（讲义）、系统的习题集以及教学用的专著（讲义）等。国家、各部委和省市的教材评选，自然以正式出版的教材为主；高等院校的教材评选，则不妨以自编的讲义为主。目前，高等教育研究的刊物比较多，各大学都有相应的杂志正式出版或内部发行。广泛利用这类刊物开展教材评析，既能有力地促进教材建设，又可以促进教材研究的开展，教材研究应是教学研究的重要内容。

教材的评价和评选指标大体上包括下列内容：是否具有正确的教育思想和科学的学术观点；是否具有良好的思想性、启发性以及严密的系统科学性和一定的学术创造性；是否具有先进性和良好的教学适用性；是否注重能力的培养以及探索精神的培育；是否具有独特的风格和特色以及有成效的改革试验内容。

制定教材政策要和端正教育思想结合起来，方能制定出有益的教材政策。出版教材需要资金，一些教材（如专业教材、研究生教材等）的出版发行，由于需求量较少或征订数量有限，自然亏本甚多。但国家对教材建设的投资，是一种智力投资。从生产力构成的要素来看，教材属于现代生产的智力基础，有的教材还是一种潜在的生产力。因此，这种智力投资具有非常可观的经济效益。认为教材出版是赔本事业的看法，反映了一种陈腐的教育观。在国家的各级有关部门和高等院校中，设立教材资助基金，确保教材的优先出版发行，这应当成为一项重要的政策措施。教材出版不应以盈利为杠杆；教材价格的涨速，应当受到严格的控制。目前大学里仍然存在看重科研、轻教学的现象，"十斤讲义比不上二两论文"的怨言有一定的依据。其实，教材本身就是教学和科研（包括教育科学研究）的结晶，有质量的讲义也应成为评定职称资格的依据。这个问题以往之所以没有解决好，除了认识上的原因外,可能还因为教材的评选工作未能正常开展。另外,学校应当严格执行国家教委关于编写教材的有关政策待遇,同时还应积极安排和鼓励教师从事文字教材和录像教材的编写制作工作,以求逐步形成学校的教材特色。

目前,教育思想的讨论正在我国高等院校中广泛展开,它的成效必将对教材建设产生深远的影响。每一位有进取精神的教师,都有责任为我国教材事业的锦绣前景,增添一份光彩。

理科专业向应用性分流的实践与思考[*]

教育为促进经济、科技和社会发展服务,是世界各国教育发展的共同方向。当代社会,一方面是经济和社会发展不断向教育提出要求,使教育面临新的挑战,另一方面教育规律又要求本身的结构、体制、学制、课程等具有相对的稳定性。在这种错综复杂的情况下,人们从实践中领会到,教育在结构、体制和教学内容等均应具备应变功能,富有弹性和活力。

在高等教育中,专业结构是教育结构的重要组成部分。进行专业结构调整,适应社会经济发展,是高等教育改革的必然趋势。现结合本校多年来理科专业向应用性分流的实践,作如下汇报。

一、理科专业向应用性分流的指导思想和基本思路

近几年来,我校在拓宽专业口径、调整专业结构方面做了许多工作。在实践中,我们体会到专业的设置、调整和建设是一项全局性、学术性和改革性都很强的工作。在理科专业调整中,我们注重学科为主原则、适应性原则和课程体系的独立性原则,从调查研究做起,谨慎从事。首先对用人部门及其主管单位征集人才需求意见,广泛进行调研活动,收集学科发展动态;其次是主动争取上海市高等教育局和国家教委的指导性意见,结合国家和上海的经济发展,制定专业调整方案;然后对专业方向与特色、专业人才培养规格、教学计划、课程设置、师资结构、科研成果、教学条件等诸方面都进行了比较严格的论证。现在我校已完成理科专业的调整,今后的工作是认真

---

[*] 本文合作者:梅发生,原文编入高等教育司主编《全国理科交流会论文汇编》,武汉大学出版社,1995:114-117。

落实调整规划,继续进行专业建设,努力办出专业特色。在理科专业向应用性分流的过程中,我们认为,专业结构的调整具有丰富的内涵,在不同发展条件和不同层次下,除了内部问题之外,特别反映出与外部的关系问题。我们应当努力去探索专业结构的规律性内涵,寻求较好的结构状态以及具体的结构模式。

我校进行专业结构调整的基本思路,仍然是拓宽专业面,扩大专业内涵,增强基础性和应用性教学,切实加强师资队伍建设和学生的能力培养,以适应社会的需要。我校量大面广的是工科专业,学校要求各专业要在拓宽专业面、培养良好的工程素质、专业方向上办出特色,增强竞争能力,使本校工科的优势专业在"八五"期间都能达到国内先进水平,在社会上成为受欢迎的专业。在专业规模上要兼顾长远发展和当前社会需求两个方面,控制理科招生规模,增强教学活力,培养高层次人才,使一些需要量大的专业适当多招一些学生,以提高办学效益。

由于专业设置的滞后性,新兴人才的大量培养,不能单靠设置新专业来解决,而要致力于老的母体专业的改造、拓宽和赋予新的内涵。因为一些老专业具备雄厚的基础和办学条件,在老专业的改造、拓宽到一定程度时,新的专业就会脱胎而出。例如,我校宽口径的固体物理专业,经过多年的变迁,由原来的2个专门化,发展成为3个理科专业。1985年,由于人才市场的变化,在课程设置方面,突破了原四大力学课程体系的框架,加强了应用性课程,将3个理科专业,调整为2个工科专业和一个理科专业,1991年又将物理学专业调整为应用物理学专业,其专业方向为低温物理及应用、超导材料与器材物理、固体传感器技术及应用和核技术及应用。

二、理科专业向应用性分流,促进了专业自身的改造和建设

我校创办于1958年,原建制模式和中国科学技术大学相仿,理工结合,院办校,所办系,学科较多,专业较新颖,含有不少理科专业。经过历次调整,理科专业相应减少。按照全国高等理科教育工作座谈会提出的关于高等理科教育要控制规模、优化结构和分流培养的精神,1991年在上级主管部门的指导下,我校完成了理科专业向应用性转轨的一级分流,调整为现有的4个理科专业:计算数学及其应用软件、应用数学、应用物理学和应用化学。

有关工科专业也作了相应的调整。

为了把多数理科毕业生培养成具有良好科学素养的应用型理科人才，有关的专业和系在二级分流方面也做了不少工作。例如，数学系的两个专业在强化应用软件方面收效显著，在课程设置中，软件占有相当的比重；经过多年努力，已形成一支在计算机软件和科学计算方面具有较高水平的师资队伍。该系不仅有图书和资料，也拥有相当规模的实验室，有超级微机和微机，还有计算机照排系统、胶印机等系列设备，编排和公开出版两份全国性学报，带动了高等数学基础课的计算机辅助教学。不久前，我校高等数学的质疑、答疑软件系统被国家教委列为重点建设课题。不少理科学生积极辅修计算机、外语和工科专业课程。据统计，近三届学生的毕业论文，基本上都属于应用研究。

化学系专业结构的演变，也基本上体现了由理科到应用理科的转换。20 世纪 80 年代中期，化学系毕业生的分配去向，大部分为化工企业，少部分为研究院所。为了适应这一人才市场的变化，我校及时调整了专业结构、课程设置和培养模式。1985 年前，化学系分为有机和高分子两个理科专业。1985 年后，演变为应用化学专业和一个工科专业，而有机、高分子仅为应用化学专业的两个专业方向；1993 年应用化学专业的方向进一步扩展为现代有机合成应用、电化学、仪器分析和精细化工。近几年来，随着专业结构的变化，也增设了多门应用性较强的课程，新建立的专业方向，如电化学、仪器分析和精细化工，其宗旨就是为了培养应用型化学专业人才。为此课程设置也作了相应的调整，新开设了"电化学原理""电化学器件""电化学分析""电化学测量""环境监测"和"精细有机合成"等课程，体现了基础理论和应用技术并重，并加强了实践性教学环节，安排了学生在化工厂进行生产实习和毕业设计（论文）。据统计，近两届学生搞应用性研究的占总课题的 80% 以上。

在培养模式上，除了本科生、研究生外，学校还招收专科生，为大型化工企业、化学工业部等委托培养，较好地满足了用人单位对不同层次人才的需求。此外，我校还接受化学工业部委托，每年为全国涂料企业开办助理工程师及以上专业技术人员进修班，现已开办 20 多期，培养了 1 500 余人，受到化学工业部领导和用人单位好评。

我校 4 个应用理科专业，均有三十多年的历史，都是上海市重点学科。

数、理两个系有 3 个博士点，都接收博士留学生。数、理、化 3 个系的科研水平和师资力量都比较高；近几年，我校论文发表数在学术榜上理工类排名第 26 位左右，一个重要因素是理科在提高基础理论和学术水平方面发挥了重要的作用。

近几年，我校严格控制理科本科的招生规模，但在招收硕士生、博士生以及外籍硕士、博士方面取得了一定的发展，在校研究生中，应用理科学生占四分之三以上；在外籍研究生中，应用理科学生占三分之一以上。理科所在系也设置了一些热门的专科专业，较好地提高了办学层次和办学效益。学校要求应用理科专业办得少而精，应用性强，专业实力雄厚，达到国内先进水平。

工科大学适当地办一些应用理科专业，让学生选修和辅修一些应用理科课程，是大有好处的。我们认为理工结合、文理渗透是一条成功的办学途径，丝毫没有"过时"之嫌，前几年上得过多、过快，是宏观控制上的问题。理科师资队伍的建立，学科研究方向和专业方向的形成，绝非朝夕之功。学校一定要实事求是，量力而行，主管部门一定要强化业务指导以及专业评估和办学水平的评估，强化竞争机制，让学校的专业设置直接面向社会，面向市场经济，面向科学技术的发展，以此来促进应用理科专业的更新和转换。

三、理科专业向应用性分流的几点思考

1. 应用理科专业培养应用型人才，还需进一步探索

近几年来，由于人才市场需求结构的变化，理科应用型人才由冷落逐渐趋于回升，这是多年理科教育改革的成果。但是我们还应看到有一些亟待解决的问题，如应用理科与理科人才的培养规格上的异同点，如何在课程设置和培养过程中加以实施，怎样才能使应用理科学生既达到具有良好的科学素养，又具有一定的工程素质，这有待深化理科教育改革。

2. 办出应用理科特色，探索教学与科研结合的新模式

办好应用理科专业，是一项难度较大的系统工程，既有外部因素的制约，又需内部条件的创建。应用理科专业人才除有共性一面外，各校培养的应用理科人才，还应有其特色，这就不仅要求各校发挥某些专业的传统优势，而且必须有足够的投入。只有这样，才有可能在培养过程中，探索教学

与科研结合的新模式,办成人无我有的独特专业方向。只有这样,才有可能使应用理科的毕业生到经济技术部门或工矿企业时,既能工作"上手"快,又有较强的"后劲"。

3. 应用理科专业的学制、生源质量有待解决

应用理科专业培养规格要求高,如需具有坚实的理论基础,较宽的知识面、严格的科学实验训练、探索未知的能力等,一般四年学制学生是难以普遍达到上述目标的,因此可考虑为五年学制,或者制定政策鼓励学生用延长学习年限的办法获得辅修专业证书或第二学士学位。

生源质量问题必须解决。多年招生实践表明,应用理科专业与一些"热门"专业大不一样,门庭"冷落",一些学业优秀者不愿报考,因而在政策上要有优惠。如理科学生入学后普遍享受特定的专业奖学金,学业优秀的理科学生还应取得高额的奖学金,家庭经济困难的学生还可享受清贫奖学金或实行贷学金制;在教学过程中坚持因材施教,注重科研能力培养,实行辅修或双学位制,让学生充分施展才干;毕业后工作、工资待遇略高一筹,使得学者在心理上得到平衡,促进和激励学生报考应用理科,奋发学习,成为国家栋梁之材。

调整专业结构　适应社会经济发展*

在高等教育中,专业结构是教育结构的重要组成部分。进行专业结构调整,适应社会经济发展,是高等教育改革的必然趋势。

一、已有专业调整的基本情况

近几年来,我校在拓宽专业口径、调整理科专业和建设新专业方面做了许多工作。专业的设置、调整和建设是一项全局性、学术性和政策性都很强的工作。我们在专业调整中贯彻以学科为主原则、适应性原则和课程体系的独立性原则,从调查研究做起,注重论证,谨慎从事,取得了一定的成效。具体做法是:首先,对用人部门及其主管单位征集人才需求意见,对校内外学科专家进行广泛的调查研究,收集国外学科发展的动态;其次,在校领导的直接参与下,主动争取市高等教育局和国家教委及其所属业务部门的指导性意见,密切结合国家的经济发展,制定专业的调整方案;然后,召开由校外高级专家、学者参加的学术论证会议,并认真准备申报材料。专业名称、专业方向与特色、专业人才培养的规格、教学计划、课程设置、师资结构、科研成果和教学条件等诸方面都得到了比较严格的论证。现在,我校已初步完成了本科理科专业和部分本科工科专业的调整;申报并经国家教委批准新设了3个工科专业,其中有2个专业是已公布的专业目录之外的新专业。我们今后面临的工作是认真落实调整规划,继续进行专业建设,努力办出专业特色。专业结构的调整具有丰富的内涵。结构是事物之间的一种关系。不同发展条件和不同层次有着不同的专业结构。专业结构除了有内部问题

---

* 本文合作者:梅发生,原文发表于《上海高教研究》,1993,1:38-40.

之外，还能反映出与外部的关系问题。同时，由于专业培养的滞后性，专业结构同未来的发展相关。这就是专业结构同经济、科技、社会的现状与未来发展相适应和协调的问题。我们应当努力去进行科学的预测，探索专业结构的规律性，寻求较好的结构形态以及具体的结构模式。

二、理科专业向应用性分流

我校创办于 1958 年，原建制模式和中国科学技术大学相仿，理工结合，院办校，所办系，学科较多，专业较新颖，含有不少理科专业。经历次调整，到 1990 年，理科专业还剩 4 个。按照全国高等理科教育工作座谈会提出的关于高等理科教育要控制规模、优化结构和分流的精神，1991 年在上级主管部门的指导下，我校完成了理科专业向应用性转轨的一级分流。现有的 4 个理科专业名称是：计算数学及其应用软件专业、应用数学专业、应用物理专业（原为物理学专业）和应用化学专业（原为化学专业）。有关的工科专业也作了相应调整，例如，原有的工科应用化学专业调整为有机化工专业。

为了把多数理科毕业生培养成具有良好科学素养的应用型人才，有关系在专业二级分流方面做了不少工作。如，数学系的两个专业在强化应用软件方面收效显著。在课程设置中，软件占有较大的比重。经过多年努力，该系已形成一支在计算机软件和科学计算方面具有较高水平的师资队伍；实验室具有相当规模，有超级微机和微机，还有计算机照排系统、胶印机等系列设备；编排和公开出版两份全国性学报。他们还带动了高等数学基础课的计算机辅助教学。前不久，我校高等数学的质疑、答疑软件系统被国家教委列为重点建设项目。不少理科学生积极辅修计算机、外语和工科专业，毕业论文的应用性课题也明显增加。应用物理专业及物理系在本次全面修订教学计划中，突破了原四大力学的课程体系框架，强化了应用性课程并确定了应用性专业方向。应用化学专业确定了有机化学、高分子化学、仪器分析、电化学 4 个专业方向，在拓宽专业口径上下了功夫。

我校 4 个理科专业均有三十多年的历史，都是上海市重点学科。数、理两系有 3 个博士点，都接收博士留学生。数、理、化三系的科研水平和师资力量都比较高。理科在提高基础理论和学术水平方面，发挥了重要的作用。

近几年，我校严格控制理科本科的招生规模，但在招收硕士生、博士生以及外籍硕士、博士生方面适当发展；理科所在系也招收一些热门专业的专科学生，较好地提高了办学层次和办学效益。学校要求理科专业办得少而精，应用性强，专业实力雄厚，达到国内先进水平。

工科大学、单科性大学适当地办一点应用理科专业，让学生选修和辅修一些应用理科课程，是大有好处的。理工结合、文理渗透仍然是一条成功的办学途径，丝毫没有"过时"之嫌，前几年办得过多、过快，是宏观控制上的问题。理科师资队伍的建立、学科研究方向和专业方向的形成，绝非朝夕之功。学校一定要实事求是，量力而行，主管部门一定要强化业务指导以及专业评估和办学水平的评估。通过竞争机制，让学校的专业设置直接面向社会，面向市场经济，面向科学技术的发展。

三、建立专业目录外的新专业

在上海市高等教育局的部署下，我校较好地开展和完成了新专业的调查、论证和申报工作。被国家教育委员会批准的 2 个专业目录外的新专业分别是机械电子工程和材料学与工程，还增设了一个通信工程专业。为了适应社会主义市场经济体制，上海高等教育系统专业设置出现了新格局。其中，比较突出的是建立了一批新专业。新专业的建立集中体现了学科发展的趋势、社会需求和专业格局的新进展。

我校原来申报了 3 个新专业，还有一个现代通信技术与工程专业。经过多次调查和专家论证，我们认为现代通信技术与工程专业和专业目录中的通信工程专业没有本质的区别，对课程体系而言不符合独立性原则。因此，我们最后仍以通信工程专业上报。

申报新专业问题在我校酝酿已久。精密机械工程系在机电一体化和光、机、电结合方面完成了一系列高水平的科研攻关项目，在教学实践中作了许多有益的探索，在修订教学计划和课程设置中提出了全局性的构思。新专业的启迪往往是学科和高新技术的发展及它们在经济发展中的应用势头，这就要瞄准经济和科技发展的潮流。申办新专业的实力往往是来自科研成果的积累，我校申报新专业的系，近几年来的科研工作和师资队伍建设都取得了迅速的进展。

我校特别重视建立新专业的调查和论证工作，校内外专家论证就持续了半年之久,还专门制定了论证的规范化提纲,主要有四大方面:① 建立新专业的背景,包含国际上科技和有关学科的发展趋势,上海市及全国的人才需求情况;② 新建专业的学科基础、专业方向以及与现有相近专业的相异性;③ 培养目标、专业人才规格、主干课程和教学计划;④ 办学条件、科研方向和成果。值得一提的是校内外专家的论证工作。校内有关学科带头人及有关管理部门负责人都参加了论证,校外专家方面分别聘请了 4 名学部委员(现改称院士)及有关领域著名专家、学者。论证工作充分体现了客观性、科学性和建设性。例如,新专业机械电子工程的名称,最初提法是机械控制工程,经论证后改为机电一体工程,最后由国家教委审定为机械电子工程,后两者在内涵上是一致的,在课程设置上,不少人担心机电一体化既有机又有电,会造成学时大膨胀。经过论证,确定了培养目标,培养能从事机电一体化产品设计、制造和机电一体化技术研究开发的以机为主、机电融合的人才,总学时为 2 944 学时,控制在我校规定以内。

由于人才需求的结构发生变化,高科技、外向型、第三产业应用人才的需求量显著增加,因而设立一批新专业是十分必要的。从社会、科技和经济发展的角度看,新老专业的交替、更新和转换是必然的。当然,专业的独特性,专业口径、专业名称的规范性和专业目录整体的系统科学性,都是需要认真研究和慎重解决的问题。对于一些研究生和本科生培养层次不明确的学科,特别需要进一步研讨本科专业的设置问题。

四、专业结构调整的思路

我校进行专业结构调整的基本思路仍然是拓宽专业面,扩大专业的内涵,增强基础性和应用性知识的教学,切实加强师资队伍建设和学生的能力培养,以适应社会的需要。

我校面广量大的是工科专业。学校要求各种工科专业要在拓宽专业面、培养学生良好的工程素质、专业方向适应性强等方面办出特色;同时,要增强竞争能力,使工科的优势专业在"八五"期间都能达到国内先进水平,在社会上成为受欢迎的专业。专业的规模要兼顾长远发展和当前社会需要两个方面,在控制理科专业招生规模的同时,采取增强教学能力的切实措施,使一些需求量大的专业适当多招生,提高办学效益。

重视新专业的设置,密切注意专业体系的汇合点。因为这可能是新专业的生长点。由于专业设置的滞后性,新型人才的大量培养,不能靠设置新专业一下子解决,而要致力于老的母体专业的改造,拓宽和赋予新的内涵。因为一些老专业具备雄厚的基础和办学条件,在老专业改造、拓宽到一定程度时,新的专业就会脱胎而出。我校现有宽口径的无线电技术专业,是原来的微波通信专业和电视专业的合并,近几年,上海市各类现代通信技术、工程和相应产业迅速发展。无线电技术专业设置了通信工程的专业方向。几年来,无线电电子学系在耦合理论、光纤通信、光放大技术、计算机交通监控网、公共通信信令技术等一系列科研攻关项目中,曾获国家级自然科学二等奖1项、科技进步二等奖1项,获部、市级科技进步一等奖2项、二等奖4项、三等奖8项。通信专业方向的毕业生供不应求,为此,我校增设通信工程专业,其专业方向是数字微波通信、光纤通信、移动通信和卫星通信。

专业结构调整具有丰富的内涵,其中有内部关系、外部关系以及现在同未来发展的关系。我们认为,以下问题应予优先考虑:

1. 加强人才需求的预测研究,从建立信息库(特别是数据库)做起。

2. 建立竞争机制。专业结构的调整应当直接面向社会,在竞争中接受检验,优胜劣汰。社会评估、用人单位评估和专家组的专业评估均为有效的措施。有条件的高校可作为单独命题招生的试点,单独招生是确立竞争机制的有效途径。

3. 探索不同专业结构的模式。因为不同发展条件和不同层次下的专业结构是不相同的。

4. 对于由地方管理的高等院校,其专业设置的审批权可以由国家教委完全下放到地方管理部门,国家教委可充分发挥指导作用。对于设在地方的部委属院校,地方管理部门要有一定的协调权。

理顺体制强化管理 发展成人高等教育[*]

上海大学成人教育学院(现已更名为上海大学继续教育学院)成立至今已近一年。经组建后的上海大学在办学规模、师资实力和综合优势等方面为成人高等教育的建设和发展打下了扎实的基础,使成人教育的依托力量大大增强。面对我校成人教育在改革办学体制、转化机制、归口管理和经费管理等各类问题上所出现的新课题,在上海大学党政领导和主管副校长的率领下,成人教育学院在组建后的半年时间里,广泛展开了调查研究、专题论证和征集意见等工作,并召开了成教工作研讨会和成教工作会议,在此基础上修订了上海大学成人教育学院发展规划和一系列的教学管理性文件,使成人教育工作出现勃勃生机,并形成了"理顺关系、强化管理、提高质量、促进发展"的成人教育工作主旋律。

一、发展成人高等教育的机遇和我们的办学策略

我国社会主义市场经济体制的逐步建立和上海发展成为国际经济、金融贸易中心的态势,为成人高等教育的改革与发展提供了前所未有的历史机遇。成人高等教育的地位和作用由补充性向不可替代性发展,它和普通高等教育一起真正形成了我国高等教育"两条腿"走路的格局。社会主义市场经济大大促进了我国高科技、高新技术的发展,使广大职工对岗位培训和继续教育的需求日益增加;学历与非学历成人教育,均以培养高级技术人才和职业技术人才为宗旨,为社会培养紧缺的复合型、应用型人才,以此形成了多种形式、多种层次、多元化办学的成人高等教育模式,使成人高等教育

---

[*] 原文发表于《上海大学学报》(高教科学管理版),1995(3):18-20.

的内涵和外部环境发生了巨大的变化,面对这样的契机和挑战,我们的办学策略如下。

1. 树立正确的办学指导思想。坚持社会主义办学方向,坚持教育为社会主义建设服务和德智体全面发展的培养方针,把坚定正确的政治方向放在首位,培养学生具有与社会主义市场经济相适应的观念、知识、能力,把提高我院办学水平和教学质量作为学院的战略目标和各项工作的重心。

2. 充分发挥上海大学的综合优势,主动适应社会和经济发展的需要,立足上海,面向全国,辐射世界,不拘一格,建立多层次、多规格、多形式的成人教育体系,并且优先发展高层次、高学历的成人教育,使成人教育发展纳入"211工程"建设的重要内涵之一。争取在三到四年内,把上海大学成人教育学院建设和发展成质量较高、数量较大、层次和规格比较齐全的学院,以培养应用型、外向型、技能型、复合型人才为宗旨。

目前,我们成人教育学院在校学生数为4 061人,其中本科生为271人,专科生为3 790人;自学考试在籍生达12 300余人;接受短期培训和继续教育学生数一年内可多达7 745人。夜大学规模已在本市高校中名列前茅,今后夜大学发展重点是本科和专升本系列。目前我院自学考试教育规模较小,这将是今后要重点加强的领域。非学历教育势头需作进一步强化,将高层次的岗位培训和大学后继续教育列为重点。至2000年,争取夜大在校生达到6 000人,自学考试在籍生达20 000人,力争获得学历函授教育的办学权。学历函授是成人学历教育的主体,我院目前已收到江西、安徽等地的委托书,要求设立函授站。

3. 彻底打破闭门办学的格局,走向社会,通过使用各种信息网络,加强对人才需求的预测,在学院自我发展和经济需求之间作出动态调整。在这过程中,做好专业结构的调整工作是至关重要的,我们将逐步形成合理的专业布局,提高我院成人教育的适应性和竞争力。

在我院现有的夜大学48个学历教育专业中,增加本科专业的比重和进行专业改造是当务之急,归并同类专科专业和调整专业方向的工作正在抓紧实施,近期内还将开办档案类和金融类新专业。我们的专业调整目标是:扎扎实实地进行专业建设,努力使我院的成人学历教育专业满足社会的需求,并在社会上成为受欢迎的专业。

4. 扩大与社会各界的合作和联系、进一步争取社会的全面支持,拓宽境内外的联合办学渠道。我院在培养上海紧缺人才,开设各种层次的学历、非学历教育班方面,已经和十大人才培训中心、各区、县、局及有关企业集团建立了广泛、有效的合作关系。如我院曾担任过徐汇区财务人员的上岗培训,黄浦区商业部门经理培训等各种任务。另外,我们已同青浦县(现已改为青浦区)和普陀区建立了成人教育学院分部,共同探索郊县紧缺人才培养和中教分流等教学实践问题。

在上海大学校部和外事处的关心支持下,我院已在联系境外教育机构合作办学方面迈出了新步伐。不久前,我们同有关单位举行了"国际民用飞机服务人才联合培养"的谈判,并达成了办学意向。同时,我院与市财政局等单位合作,计划在国内外分段培训高级财务人才及商务人才。

5. 坚持质量至上,办出水平,办出特色。我们要紧紧依托上海大学学科门类齐全、师资力量雄厚、教学设施设备良好的综合优势,利用各种行之有效的改革措施,确保教学质量的提高。近阶段,我们对学历成人教育进行了以教学管理为中心的全面检查,对非学历成人教育进行了理顺治理工作,取得了积极效果。我们要继续加强师资队伍建设,建立起一支并非专职于成人教育但又相对稳定的骨干教师队伍。从1995年入学的新生开始,夜大学全面实行学分制的教学管理模式,目前已制定出"夜大学学分制实施细则"。这一举动对于流动性、转轨性较大,适应性、竞争性要求较高的成人教育学生来说,会带来更多的有益之处。围绕着学分制,我们已经全面展开修订教学计划、教学大纲和优化课程设置的工作。在实施选课制和学分制的基础上,还将进行普通高等教育和成大高等教育相通的改革。

狠抓教学的基础建设,搞好课程建设和教材建设,选择重点课程,进行编写、出版特色教材的工作。同时,加强课程和自编教材的评估评选工作,建立由退休骨干教师组成的成人教育教学听课组,定时检查、监督教学工作情况,建立发展基金,改善教学的基本设施和设备。设立奖励基金,奖励优秀学生,优秀教师和有突出贡献的管理人员。

成人教育必须充分展示自己的特色。一般说,凡是普通高等教育人才培养空缺而社会需要的部分就是成人高等教育大有可为的地方,要以培养应用型、职业型、工艺型、技能型、外向型、复合型人才为主要目标。在让受教育者学好专业知识的同时,也要十分重视其理论和实践的结合,注意培养学生的自学能力、动手能力和运用知识解决实际问题的能力。

二、理顺体制,加强管理,开创学院建设的新局面

高校的成人教育,历来单纯地依靠对学校教育资源的挖掘来办学。随着成人教育在经济发展中的地位和作用的增强,单纯靠挖掘学校潜力办学已经远远不能满足成人教育发展的需求。只有通过改革办学体制,逐步向办学实体化发展,才能增强管理功能,增加投入,确保成人教育质量。

成人教育学院的组建是上海大学校领导的一个正确决策,是实行成大教育体制改革的一项重要步骤。成人教育学院是校部统一领导下的管理上海大学成人教育的机构,同时又是发挥综合优势、协调组织教学资源、培养人才的办学实体。

上海大学重组后,加强成人教育管理工作显得格外重要,尤其是做好管理、协调和督导工作,是搞好我校成人教育工作的关键。我们要不断提高管理水平,建立起既严格又灵活,体现科学化、规范化和管理手段逐步现代化的教学管理系统。

成人教育学院院长张荣欣教授(中)和副院长朱砚龙副教授(左)、
副院长谢金华副教授正在讨论成人教育发展规划

在现阶段我们将实行两种管理模式,即延长校区、嘉定校区、嘉定东校区、徐汇校区的教学点由成人教育学院实行直接管理,四校区成人教育机构作为成人教育学院的派出机构。同时在延长校区成立成人教育学院一分部,嘉定两校区成立二分部,徐汇校区成立三分部。对文学院、国际商学院、美术学院和法学院,实行二级管理。通过上述两种管理模式,来全面协调,管理上海大学整个的成人教育工作。

让我们携起手来,为不断提高成人教育办学水平增加普通高等教育和成人高等教育的投入,为培养出更多、更好的高级专门人才而努力。

论高等院校自然科学课堂教学的质量*

教学是高等院校的中心工作，课堂教学又是教学的主要形式。为了提高课堂教学的质量，我们需要弄清下列问题：什么是课堂教学的质量？怎样评价教师的课堂教学质量？

这类问题，尽管屡见不鲜，然而在实践中却往往难以把握，甚至会陷入某种片面性，本文仅限于自然科学的课程，针对上述问题展开初步讨论，意在抛砖引玉。

一、什么是课堂教学的质量

客观世界的一切事物都是质和量的统一体。通常我们讲教学质量，实际上是包含着质和量两层意思。认为在教学中讲授的知识越多，教学质量就越高的观点，自然是不足取的。因为这种"以多制胜"的方法，往往会适得其反，多而不化，事倍功半。可是，任何质量都表现为一定的数量，没有数量也就没有质量。也就是说，一定的教学内容、一定的进度才能体现出一定的教学质量。可见，那种随意降低教学要求、删减内容、舍难存易的做法，更是不足取的。因为这种"以少制胜"的方法，谈不上是在保证教学质量。

课堂教学的质量和数量是辩证统一的。脱离数量的质量，不成为质量；不讲质量的数量，反而降低了质量。因此，我们必须掌握课堂教学中质量和数量的辩证关系，根据教学大纲要求，从教学对象的实际出发，合理安排学时数，制定教学进度表，采用较好的教学方法和教学手段，力求取得良好的教学效果。能否完成教学大纲和教学计划的要求，是从数量上来显示课堂

---

* 原文发表于上海科学技术大学《教学研究》，1980(1)：9-14。

教学质量的一个重要指标。当然,它不是唯一的指标。由于自然科学是研究自然界各种物质和现象的科学,是人们争取自由的一种武装,它的全部价值就在于它的科学性和由此而来的应用性。因此,课堂教学的科学性是显示其质量的第二个指标。定义、定理、假设、定律、条件、原理在讲授过程中的准确性,论证和推理过程的准确性,举例和类推的准确性,语言和板书的准确性等都属于科学性的范围。自然,要求一位教师在讲台上讲的一言一字都十分准确,这几乎是不可能的。有时为了讲清某种抽象概念,在讲解中引进一些比喻,或者借助于形象化的方法,模拟某种直观形象。这样做尽管不是天衣无缝,达不到准确,但只要比较适当,在教学方法上还是颇可取的。但是对于结论的交代,数学逻辑的推理,则必须是严谨周密的。正确地传授科学知识,是教师的天职。

如果说以上这种有声有形的科学性容易被人们所察觉的话,那么一种无声无形的科学性就容易被人们所忽视了。这就是课堂教学中思维的逻辑性。在自然科学中,人们主要运用逻辑思维。我们要培养又红又专的科学技术人才,要造就一批优秀的科学家和工程师,就必须重视培养大学生的创造精神和逻辑思维能力。一个大学毕业生如果缺乏逻辑思维能力,缺乏正确的推理能力,缺乏判断和分析能力,缺乏科学抽象的能力,即使他掌握了一些科学知识和实验技术,在科学技术日新月异的年代,他是不大可能有所发明创造的,他更不可能去攀登科学高峰、去探索科学的奥秘。他要做到有所前进,都将是困难的。爱因斯坦曾经对欧几里得几何学的逻辑系统表示惊叹,他甚至说过:"如果欧几里得(几何)不能激起你年轻的热情,那么你就不会成为一个科学思想家。"恩格斯指出:"一个民族想要站在科学的最高峰,就一刻也不能没有理论思维。"理论思维包含用知识和概念作出判断、进行正确推理的能力。逻辑思维能力应当自幼儿开始培养,并且要在中学教育中大力加强。但目前中学毕业生的逻辑思维能力普遍较差,这主要表现在中学生虽然计算能力较强,但抽象思维能力、推理论证能力、分析判断能力大多数是极为缺乏的,这种状况必然延伸到大学。新同学中往往存在着轻概念、重计算,轻论证、重结论,知其然而不知其所以然的倾向,这正是缺少逻辑思维训练的结果。因此,在高等院校理工科的教学中,大力增强对学生的逻辑思维能力的培养,是一个不可掉以轻心的问题。

当然,提高逻辑思维能力,可以采用开设一些课题讲座的办法。例如,讲授数理逻辑、工程逻辑以及科学方法论的内容等。然而,这毕竟只对少数专业是可行的。重要的是在课堂教学中切实加强对学生进行引导和悉心培养。教师不仅要教科学知识,而且要教科学的思维方式,教学习知识和思考问题的方法。实际上,课堂教学的实践,是一名教师抽象概括能力、推理论证能力、分析表达能力等方面的显示器。教师通过课堂教学,把某种科学的思维过程展现在学生的面前,把逻辑思维的本领,无声地传授给学生。这种能力的培养是如此重要,以致在某种程度上决定了一个学生今后的创造力。这种思维的科学性更能反映一位教师课堂教学的质量。因为,要想取得良好的效果,对教师的业务水平、科研能力和教学经验都要有较高的要求。而且,教师在组织教学和分析教材上,必然要付出辛勤的劳动。

  课堂教学质量的第三个指标是教学的方法直接关系到教学质量。一位优秀的教师在课堂教学中必然是启发式的,启发学生独立思考、举一反三、触类旁通、闻一知二、闻一知十。在自然科学教学中,人们常常使用类推教学方法,这种举一反三的类推法,实际上是逻辑思维的一种必要手段。我们也知道,启发式教学一定要从实际出发,要与学生的学习水平结合起来,高年级和低年级也自然有所区别。孔子讲的"不愤不启,不悱不发"是很有道理的。作为教师,更应当循循善诱,鼓励和启发学生去积极思考。"学而不思则罔,思而不学则殆",这实在不失为一句治学名言。

  教学实践表明,教师在备课时对教学内容的匠心处理是十分重要的。难点、重点的安排,层次的处理;怎样由浅入深,如何由表及里;什么地方精雕细琢,哪些内容几言带过;何处采用由个别到一般、由事实到概念的归纳方法,哪儿又进行由一般到个别、由一般原理到个别结论的演绎方法。凡此种种,都要事先谨慎考虑过。在课堂教学中,我们要防止照本宣科、讲解草率、蜻蜓点水似的教学。因为这样会给学生带来沉重的消化负担。当然,那种随意超越教学大纲、深度不当的教学,也会造成同样的后果。然而,处处讲解得不厌其详、面面俱到的教学方法,同样是应当防止的。因为,这不是启发式的教学,这样做的结果是使学生失去了许多独立思考、触类旁通的机会。在课堂教学中,对于基本概念、基本原理、基本的运算和实验方法,一般要讲清讲透,难点要交代清楚。而对于拓广、引申、类推的问题,应当适当地留有余地,积极地启发学生去进行科学的思维,培养他们分析和解决问题的能力。

目前,高等院校的教学,主要是教师在课堂上按教材讲授。其实,适当地安排一些讨论式和答疑式的教学是颇有益处的。特别是高年级的课程,教师不必什么都讲。把详细的讲义发给学生,让学生自学某些内容,然后组织学生进行专题讨论,或者进行答疑和归结教学。在课堂教学中,也需要提倡科学民主,鼓励学生提问或者答辩,这不仅有利于教学相长,并且有助于养成学术讨论的风气。

教导手段的改进与创新是显示课堂教学质量的第四个指标。我们应当看到,目前我国高等教育的教学手段是相对落后的,与四个现代化的进展相比较,也是极不相称的。这都会影响到教学质量的普遍提高。国外一些工业化国家的教育实践表明,采用现代化的教学手段,是大面积提高教学质量的有效措施。特别在提高教学效率与师资水平,便于学生理解、记忆和掌握知识方面,确有显著效果。因此,应当大力鼓励教师勇于尝试与创新,有关部门也应主动配合和热情支持。目前传统的课堂教学手段仍然是讲和写。所以,板书质量仍为人们所关注。一位有经验的教师在黑板上书写时往往计划性强,使用率高,文字确切而且简练,讲和写之间配合得十分协调。

人们在评价课堂教学质量时,经常提到教师的表达能力,认为这直接影响到教学效果。一个人的表达能力实际上也是逻辑思维能力的一种表现。正如前面所论述的,可以把表达能力归结到科学性的指标中去。

综上所述,如果主要从教的方面进行讨论,那么,课堂教学质量的显示指标主要有四个。这四个指标分别是:

1. 是否遵照教学大纲?是否完成教学计划?

2. 科学性如何?这里的科学性包含教学内容的科学性和思维的逻辑性。

3. 教学方法如何?

4. 教学手段如何?

二、怎样评价教师的课堂教学的质量

怎样评价一位教师的课堂教学质量,这是一个比较复杂的问题。这是因为,教学的对象是人不是物,课堂"生产"的是人才而不是木材、钢材。实践是检验真理的唯一客观标准。一位教师的课堂教学质量究竟怎么样，归根结底要由学生的科学水平来反映。然而学生的科学水平又不单纯地表现为考试的成绩，学生的逻辑思维能力、学生未来的发展状态，更是这个科学水平的体现。因此，教师的课堂教学质量是要经受时间的考验的。别林斯基说："在所有的批评家中，最伟大、最正确、最天才的是时间。"随着时间的推移，从培养出来的科学技术人才身上，可以看到教学质量的光彩。教师的课堂教学活动，往往对青年产生深刻的影响。伟大的物理学家、化学家法拉第，就是因为在大不列颠皇家学院听了著名化学家戴维的讲演之后，产生了从事科学工作的巨大热情，他拿着听课笔记去申请参加戴维的实验室工作。

由学生的发展状态去评价一位教师的课堂教学质量，这在具体做法上有一些困难。因为促使人才的成长是有多种因素的，人才的培养也是许多教师共同完成的。而课堂教学仅是教育的一个重要方面。但是，就一个大学而言，毕业生的发展状态，正是这个学校教学质量无可争辩的评价。而且，为祖国培养优秀人才，是一个人民教师的崇高理想；一个教师所受到良心上的谴责，莫过于误人青春和误人子弟。因此，以有利于培养人才作为出发点，去评价课堂教学的质量，这不仅能够加强教师的事业心和责任心，而且容易得出比较正确的结论。

教学实践表明，全面考察上述四个指标的状况，能够由教育的规律性判断出应有的教学效果。同时，对学生的现时学习情况和未来发展状态进行考察，又能更确切评价课堂教学的质量。

组织有经验的教师观摩教学，对上述四个指标进行评论和评分，是考察课堂教学质量最有效的手段。因为，对于这四个指标，有经验的教师具有较强的判断能力，便于在比较中进行鉴别，容易发现授课教师讲授中的长处和短处，并能透过课堂点滴看到教师在备课中所付出的辛勤劳动。但观摩教学需要按照指标写评语和打分数，必要时应进行细致的分析。无关痛痒的空谈是没有作用的，因为这不是一种评价科学的态度。观摩教学还有利于取长补短，优选先进的教学经验。相关系和教研室的有关领导要把上课堂听课作为自己的一项日常工作。只有这样，才能对每一位教师的业务水平、教学质量、教学特点和风格做到心中有数，这是组织教学和研究提高教学质量所不可缺少的。

定期进行评教评学，有计划地进行阶段测验和学期考试，都是评价教学质量的可取手段。但评教评学要有评论项目和统计数字,由学生填写专用的简明表格。泛泛面谈只能流于形式。对于测验或考试,要进行试题分析、成绩分析和学生发展状况的分析。

分析学生专业课程的学习状况,能够部分看到基础课的教学质量;分析毕业论文、毕业设计以及毕业生工作后的发展状态,更能看出教学质量的高低。因此,考察毕业生的学习和工作情况,征求毕业生评论母校的教学质量,往往是富有启发性的。对于在教学上有卓著成就、在培养人才上桃李芬芳的老教授,建议校、系为他们举办讲台生活几十年纪念的活动,表彰他们的贡献,总结他们的教学经验,交流教育研究的成果。这对于激励广大教师崇高的荣誉感将是一项颇有意义的工作。

目前在评价教学质量工作中,由于形而上学的影响,有时或多或少还存在着一些片面性,现在列举如下三种情况:一种观点是只要学生考试成绩好,教学质量就必然高,这是不够确切的。因为,考试成绩只能作为教和学的一种检查或者视为一种标准。它是必要的,但它不能作为教学质量的唯一标准。考试成绩与试题范围、深浅难易有关,与考前教师的辅导和指点有关,与教师批卷时的情绪、习惯有关。单以后者而论,误差之大,就并非可以忽略不计。退一步说,像考大学一样,统一命题,统一评分,并且假设命题恰当,评分合理。那么,考生的分数是否完全如实反映中学的教学质量呢?也不尽然。有一些大学生,入校成绩不错,但在大学学习过程中,明显表现出基本训练不足,学习困难。目前,一些中学生由于重理轻文,造成审题能力、分析能力、表达能力欠缺;另外由于一些中学搞"题海战术",忽视了基本概念的学习和逻辑思维能力的培养,以致一些学生对概念、论证、分析相关的问题,感到惶恐和束手无策。由此可见,考试成绩只能从某种程度上反映教学质量,因为它有局限性,甚至可能有失真性。把它作为评价教学质量的唯一标准,自然是不妥当的。另一种看法是只要学生对课堂教学反映好,就是教学质量高。这样的推理是不够谨慎的。固然,大学生的鉴别力,非中小学生可比。对课堂教学反映好是对课堂教学的一种肯定,是衡量教学质量的重要依据,是很值得注目的。但这里也带有一定的局限性和片面性,某种情况下对课堂教学反映好不一定就是教学质量高。有比较才有鉴别,学生接触的教师毕竟太少,这自然是一种限制。同时,学生对于教学计划、教学大纲并不熟悉,因此,对上述第一个指标难以判断。另外,学生要对正在讲授的内容的科学性作出全面判断，也是有困难的。而且，在学生的反映中，有时往往把教师的教学态度和教学质量混同起来，虽然这两者是有联系的，但确有区别。一般说来，学生反映好的教师总是有值得称赞的长处；相反，多数学生反映听不懂的课程应该也是有问题的，而且问题的症结多半在教师身上。总之，学生的反映是评价教学质量的重要信息，对这种信息，一要重视，二要分析。还有一种习惯是把教师的业务水平等同于教师的教学质量，这是值得商榷的。不错，提高教师的业务水平是提高教学质量的必要条件。一位业务水平不称职的教师是不可能保证教学质量的。一名教师如果知十教一，他就有可能教得生动，教得深刻，在讲台上充分发挥逻辑思维的威力。一名教师如果知一教一，他必然感到被动、拘束，更难以进行启发式的教学了。因此，提高业务水平的重要性，一般容易为人们所理解。但是，业务水平并不等于教学质量。要使业务水平转化为教学质量，就必须要掌握教育规律，研究教学方法，累积教学经验。人们经常看到，同样是具有真才实学的学者，教学的效果可能很不相同。有的人讲演起来一丝不乱而又不显得呆板，理论高深而又能深入浅出，思维抽象而又不使人迷惑，循循诱导，如入宝山。令人大有听君一席话、胜读十年书之感。而有的人或由于照本宣科使人沉闷或由于条理杂乱使人茫然；有时由于讲演者所讲内容远远超出听讲人的实际理解能力，使人如堕云雾之中。由此可见，遵循教育规律，讲究教学方法是很重要的。

综上所述，评价课堂教学质量要防止片面性。用上述四个指标以及学生的现时学习状态和未来发展状态来全面评价课堂教学质量，是有利于人才培养的。对一位教师来说，课堂教学质量主要由以上四个指标以及学生的学习状态来衡量；就一个学校而论，学生未来的发展状态，可以说是该校教学质量的镜子。因此，我们应当把怎样才有利于造就人才，作为衡量课堂教学质量的出发点。

课堂教学既是一门科学，又是一门艺术。说它是科学，因为它包含有自然科学、逻辑学、教育学、心理学等，所以，它是一门边缘科学；说它是艺术，因为它包含着编写艺术、讲解艺术、语言艺术、书写艺术等，所以，它是一门综合艺术。让我们努力探索，不断提高课堂教学质量，为四个现代化建设输送一批批有发展前途的科学技术人才。

开创高等院校思想教育和教学的新局面*

  教育事业是社会生活的一项特殊事业。教育是一种独特的社会现象。教育的对象、德行教育的"工具"以及教育的"产品",都是活生生的具有个性的人。单凭这一点,就足以表明教育的特殊性和复杂性了。我们不仅要研究一般教育的特殊性,还要研究大、中、小学教育的特殊性。这种研究越深入,教育过程、教学过程的理论和实践就越有效。

  教学过程是一个复杂的师生双边活动的过程。一般说来,教学过程是教师按照教育目的和教学计划、指导学生积极地掌握系统的文化科学知识和技能、发展能力和体力、树立正确的世界观和培养道德品质的过程。从认识论角度看,教学过程是一种特殊的认识过程。从心理学角度看,教学过程是学生的各种心理过程以及个性心理特征统一培养和发展的过程。我国社会主义教育的教学过程,是学生德智体全面发展的过程。

  社会主义思想教育过程,则是对学生进行马克思主义理论教育,进行共产主义的理想、信念和道德教育的过程,是启发自觉,说服教育和逐步提高的过程。我国高等教育理论和教学理论的研究起步较晚,对高等教育的特点认识不足,也由于教育思想的一些偏差以及一些大学新生"先天不足"的影响,目前大学生在德智体全面发展上还存在着不少问题,大学教学的改革势在必行。本文立足于探索高等教育的特殊性,论述了教学过程的某些规律,也讨论了思想教育过程的一些问题,提出若干看法,意在抛砖引玉,群策群力,开创我国高等院校思想教育和教学的新局面。

---

* 原文发表于上海科学技术大学《教学研究》,1983(1): 1-7.

一、充分发挥教学的教育作用

如何加强大学生的德育？怎样改善部分新生思想道德意识基础薄弱的缺陷？这可能是目前高等教育要优先解决的问题。德育上的问题，也直接影响了智育，已经引起广泛的关注。有些学生一旦考上大学，进取心就放在一边了，满足于六十分，这种思想反映了一种胸无大志、追求实惠的思潮。

教学永远具有教育性。思想教育和知识教育统一的规律，是教学过程的一般规律之一。所谓教学的教育作用，主要体现在教师的作用、知识的作用上。高等教育发挥教学的教育作用，有着巨大的潜力。充分挖掘这一潜力，动员、教育、组织全体教师在教书育人上作出贡献，将会取得有效而且深刻的成果。

高校拥有一批德才兼优、造诣不凡的科学家、学者和优秀教师，他们能够给予学生终生的影响。他们的一言一行、一招一式，会长留在学生的记忆中。他们的爱国主义和共产主义思想，为祖国而献身科学事业的精神，以及成长的经历和高尚的情操，会给大学生以有益的启示。一位优秀的教师，总是寓思想教育于科学教育之中。他们不是自发地而是自觉地在知识教育中贯穿社会主义的思想品德教育。他们在教学中时刻关注自然科学中真、善、美的问题，注意培养学生勇于探索真理的精神和实事求是的科学态度。他们带着感情进行教学，把对学生的爱护和关怀既作为教师应有的道德品质，又作为一种教育手段和教育力量。关心大学生德智体的和谐和全面发展，激励一些缺乏理想、缺乏抱负的大学生树立起远大的志向。他们言传身教、谆谆教导，启发学生们懂得：一个科技人员既存在智能结构问题，又存在着道德品行问题。科学家的伦理道德、气质素养，对科学成果的取得和科学的社会价值，能产生深刻的影响。搞科研，做学问，要有非同寻常的献身精神，而忘我的献身精神是来自那些有伟大目标的人。

引导大学生走又红又专的道路，教师的工作有特殊的效果。教育家们曾精辟地指出："能力只能由能力来培养，志向只能由志向来培养，才干也只能由才干来培养。"他们认为"受教育者是教育者的一面镜子"，他们提倡发挥教师个性的教育力量。

文化科学知识所包含的教育性，一旦被教育者有效利用，可以收到事半功倍的效果。建立无产阶级世界观，需要很好掌握人类积累的科学文化知识。列宁指出："只有用人类创造的全部知识财富来丰富自己的头脑，才能成为共产主义者。"①在理工科大学里，虽然并非任何科学知识都是进行思想教育的好材料，但是，很多科学知识都蕴含着辩证唯物主义和历史唯物主义思想，蕴含着激烈的思想斗争，它们的发展是科学家们付出了很高的代价而获得的。一位真正的教育者，不能是单纯地传授知识，而是要通过知识去促进学生形成思想和信念。需要用丰富多彩的科学文化知识和活动来充实大学生的生活，用书籍去吸引他们。一个学习气氛浓厚、课外活动开展得很好的学校，校风总是不错的。

虽然很多教师认识到单纯的智育观点是应当抛弃的，但育人的自觉程度却很不平衡。教师教书，指导员教人；教研室管业务教育，党组织才抓思想教育。这种截然分工，在高校中不少见。爱因斯坦坚定反对单纯的智育观点。他说："用专业知识教育人是不够的。通过专业教育，他可以成为一种有用的机器，但是不能成为一个和谐发展的人。要使学生对价值有所理解并且产生热烈的感情，那是最基本的。他必须获得对美和道德上的善有鲜明的辨别力。否则，他——连同他的专业知识——就更像一只受过很好训练的狗，而不像一个和谐发展的人。"②

二、发展自我教育

在思想教育过程中，如何发展学生个人和学生集体的自我教育，是一个很值得研究的课题。智育、体育要发展自我教育，德育更要发展自我教育。苏霍姆林斯基强调："对个人的教育离开自我教育是不可思议的。"他甚至强调："真正的教育是自我教育。"

大学生正处于形成世界观和探索人生意义的时候。他们富有朝气而深思熟虑不足，感触敏捷而又缺乏生活经验，容易受到各种思潮的影响，思想往往带有社会性和政治性，波动性大但可塑性强。青年较强的自尊心和可

---

① 《列宁全集》第31卷，人民出版社1958年版，第254页。
② 《爱因斯坦文集》第3卷，商务印书馆1979年版，第310页。

塑性的心理特征,使他们对指导员、老师和家长不易打开心灵的窗户。因此,简单的说教和压制是不能解决问题的,不对症下药也是不能收效的。什么都管,管得过细,管得过宽不一定就能管得好。现在各类学校重视对学生思想教育的势头令人鼓舞,但教育的艺术研究得不够。大学用中学的办法、中学用小学的办法较为常见。其实,教育的艺术直接关系到教育的效果。针对大学生的特点、激发大学生开展自我教育,是高校进行德育教育中需要特别重视的教育智慧和教育艺术。

现在有些大学生埋怨老师(政工干部、指导员和教师的统称)不了解他们,这是一个需要重视的问题。老师以自己的道德教育、作风和行为教育获得学生的爱戴、信任和尊重。相反,老师也要充分信任学生能够进行自我教育,也必须尊重学生的个性、自尊心和上进心。尊重学生和严格要求学生是一致的。实际上,严格要求学生应该成为尊重学生的尺度。有了师生间相互的信任和尊重,就有了自我教育的条件。学生的自尊心和上进心,就是自我教育的基础。相互的信任和尊重,就可能使老师不仅是一个教导者,而且还可能成为大学生的朋友。在高等教育中,教育者成为被教育者的朋友,具有不寻常的意义。我们在学校教育和家庭教育中,都有这样的认识:如果青少年不肯向您讲心里话,教育的效果就很难把握。一个大学生向老师透露心灵秘密或者同您认真讨论人生价值的时候,正是他有真诚的上进心的表现。大学生具备一定的社会、历史和科学知识,适宜于讨论式和探索性的谈话。教育者的朋友姿态,特别有助于德育教育,也有助于教学相长以及良好学术气氛的形成。

引导学生对人的认识,是激发学生进行自我教育的强大动力。对人的高尚品格和忘我精神的赞美,对道德败坏和灵魂龌龊的愤怒,就是对人的品格认识逐步深化的开端。要对学生进行革命传统教育,引导学生向革命先烈学习,向已故的和活着的英雄们学习。中华民族有多少感人肺腑的英雄事迹。只要教育者满怀热情和善于组织,不草率行事或者照本宣科,就一定能够唤起学生的激情,促使他们去深思。当青年人被深深感动的时候,就表明自我教育已经在卓有成效地进行了。目前少数青年人追求庸俗的刺激,这是精神生活贫乏的表现。教育者的责任,就是要唤起他们纯真的激情,让他们在震动之后去思考人生的意义。

集体主义、爱国主义、共产主义思想教育应当从何处入手?应当从一个大学生对待他周围的人和事的态度以及他们之间的关系入手,应当从学习目的性的教育入手。集体主义思想是个人与他人、与集体、与社会关系的正确反映。那种一事当前,先替个人打算,把个人实惠看得高于一切的人,必然要在对待周围的人和事上显露出来。一个不愿意做好事的人,感受不到崇高的欢乐,缺乏精神财富。一个不爱别人,甚至不爱自己母亲的人,岂能有爱国之心?爱祖国是从爱别人、爱母亲的沃土上生长出来的。现在有一些大学生对老师还比较尊敬,但在家庭中却养尊处优,缺乏对父母的体贴、尊重和深情。因此,思想教育要从细微之处着手,启发学生在对待周围的人和事上不断进行自我教育。提倡为他人做好事,提倡关心集体,提倡五讲四美,提倡进行公益劳动。劳动教育是任何学校都需要的。因为,劳动教育是自我教育的一个重要领域。即使是单调平凡的劳动,也能够创造美。实践这种创造,对学生的德、智、体、美育都是颇有裨益的。

学生集体(学生党团组织、学生会、班级等)是教育者在教育和教学过程中的有力助手。在高等院校中,学生集体在德育上所起的作用和影响,很可能超过老师。学生集体是群众性自我教育的组织。它既能起监督作用,又起组织和宣传作用。它还代表着社会舆论,是道德的法院。一个有创造精神的教育者,总是尽力发挥学生集体的力量,尊重学生集体的意见,关心学生集体的品质。当一个班级出现了破坏公共道德的行为时,一种做法是在干部、教师中组织"救火队",颇有声势地进行一番道德教育。另一种做法是依靠班级的团支部和班委会,组织学生讨论,开展群众性自我教育。人们发现,后者的成效远胜于前者。关心学生集体,重要的一环是支持、鼓励学生集体开展有益的集体活动。目前大学生的集体活动不够丰富多彩,集体活动的质量也有待提高。学术活动、文体活动、社团活动、社会调查活动、旅游活动等,只要安排得当,不仅不会冲击智育,相反还会促进德智体的全面发展。开展自我教育,离不开学生集体。然而,一个好的学生集体不是自发产生的,而是教育者和学生干部辛勤浇灌的结果。一个好的学生干部在学生中起的良好作用,这是毫无疑问的。但是,培养、信任学生干部,引导他们主动工作,却是容易被人忽视的。学生干部的工作是教育者无法取代的。他们生活在学生中,熟悉情况,能从学生的角度来看待问题和分析问题,工作针对性强。培养学生干部的意义,非同小可。一个又红又专的学生干部,往往就是未来双肩挑人才和组织管理干部的前身。但现在大学生干部的素养和能力不足,这就更需要我们去悉心培养。此外,还应当提倡大学生担负一些社会工作,这对锻炼他们的独立工作能力是很有好处的。

综上所述,为了展开德育的新局面,一要动员和鼓励广大教师在教书育人中作出贡献,二要在广大大学生中发展自我教育。广大教师和学生蕴藏着巨大的潜力,单靠有关政工干部、指导员、班主任是不够的,也难以适应高等教育和大学生的特点。一个聪明能干的指导员,就需要善于挖掘上述潜力。

发展大学生的德育,我们既要重视社会上一些不良风气的影响,但又不应过分渲染这种影响。因为,一个学校首先应当考虑教育的责任,检查教育思想和教育方法的正确性。事实上,不同高校的学风存在着差异。一些高校在加强思想教育中,抓得及时,抓得得法,做出了可喜的成绩。对大学生提出严格要求,认真执行校规校纪,是完全必要的。培育好的风气,要从新生入学的第一天做起。入学教育要像入伍教育那样抓得好。大家希望大学生为我国广大青年起表率作用,高等院校应成为社会精神文明的楷模。

三、发展能力

本文所说的能力,包括认识能力(智力、一般能力等)和各种特殊能力以及综合性能力,是一般能力、特殊能力、综合性能力的总称。

很多教师越来越相信,传授知识和发展能力是可以而且应当在教学过程中统一起来的。那种把掌握知识与发展能力截然分裂开来、绝对对立起来的说法是不足取的。近代一些教育家虽然重视培养能力,但也十分注意知识与能力的关系。赞可夫提出的强调培养能力的"新教学论体系"中提到用"高难度教学原则"来增长知识;苏霍姆林斯基始终把开发学生智力放在教学过程的突出位置,而他又对知识和能力的协调表示关注;布鲁纳强调发现学习法,重视直觉思维能力的培养,同时他也提出有关知识结构的"学科结构"理论,作为课程改革的理论基础。

知识和能力是相辅相成的。知识提供了能力发展的基础,而能力又保证了知识的掌握和增长。脱离了知识基础的智力是不存在的。然而,认为无论怎样传授知识,学生的能力就可以自然而然地得到良好发展,这种观点正好体现了传统教育的弊端,不利于教学质量的提高和优秀人才的培养。大学生中有一些高分低能的现象。一些大学生,不仅入学考高分,而且在大学里也经常考分优良，但能力平凡，智能结构有缺陷，缺乏运用已学知识去分析问题和解决问题的能力。此外，他们还有一种通病，就是安于被动地接受知识，缺乏勇于探索的进取精神，创造能力欠缺。有些学生在大学四年中一直苦于打被动的防御战。他们把知识变成了积压物资，甚至变成沉重的包袱。他们缺乏把知识变成猎取新知识的工具，把积压物资变成流通的畅销商品的本领。所有这些，当然和以往的教学过程重知识传授、轻能力培养、或者培养能力的意识不强，有密切关系。因此，需要师生共同努力，自觉地培养能力。不仅将能力培养贯穿于整个教学过程当中，而且在许多教学环节中，也应将能力培养置于首位。

现代高等教育应当培养学生哪些能力？不同专业的人可能有不同的回答。但对理工科大学本科生来说，以下三种能力都是必需的，都是应当强调和着力培养的。第一种是认识能力，其中思维能力是核心。第二种是自学能力，这是求学者最基本的能力，却是一种综合性能力。第三种是独立工作和研究能力，这也是一种综合性能力，其中创造能力是关键。

目前，开发学生智力，主要是在教学方法和考试方法上进行探索和改革。不少教师改变自己的教学习惯，作了可贵的努力。在课堂教学中，应注重科学的思维方法。因为教师的思维方法，会对学生的思维方法产生深刻的影响。一些教师着重探索启发式教学，启发学生积极思考，引导学生主动学习。少数教师还在教学中分别采用了"自学式教学法""讨论式教学法""研究式教学法"和"发现式教学法"，激发了学生的学习热情，有益于学生能力的发展。

但是，从整体来看，教育界虽然十分重视发展能力，但在具体教学过程中却推动不易，效果还仅仅是局部的。自然，发展能力需要教学方法的改革，以此入手也很必要。然而，单单教学方法的改革是远远不够的。需要从教育思想、教学计划、教学大纲、课程设置、教材、教师结构等方面逐步着手改革。现在一些高校的一个比较突出问题是"四多"：必修课程多、总学时数多、周学时数多、上课教师讲得太多。国外的一些大学教师，上课约讲三分之一的内容，其他内容让学生自学和讨论。问题不在于教师讲几分之几，一些学生百思不解而教师一语道破的问题，老师讲授是有必要的。问题在于"四多"的结果，损害了学生能力的培养。我国高等教育的特点还表现得不够，受中小学教学影响太深。应当形成大学教和学的概念，教要强调引导，学要强调探索。课堂不一定是教师讲授的讲台,而是教师导演的舞台。

这几年来,由于在中小学教学和家庭教育中,都不同程度地忽视青少年自学能力的培养问题,致使七七届以后的大学新生,出现了自学能力下降的现象。自学能力是指学生独立获得知识的能力。这种能力的重要性是早有公论的了。人生主要靠自学来增长知识。"活到老,学到老"的学,多半指自学。《学记》提出"学学半"的分析,是十分中肯的。历史上和现实生活中自学成才者不乏其人。近代科学体系的多学科性和高度综合性,边缘科学不断涌现,知识"爆炸",知识"爆聚",更加要求一名科技工作者具备良好的自学能力。

自学能力包括阅读、钻研、练习、做笔记和整理资料等一系列能力。自学过程是积极探索的过程,是独立思考和独立判断的过程,是掌握思维方法和学习方法的过程。自学能力要有一定的知识基础,它又是使知识再生的手段。20世纪50年代的大学毕业生,很多没有学过电子计算机、集成电路、现代控制理论等。现在,他们中不少人却是这些领域的专家和骨干。这些同志主要得益于两个方面:一是基础知识,二是自学能力。培养学生的自学能力,教师要多加指导,指导自学方法,培养自学习惯。同时,要下决心改革课堂教学满堂灌的格局,探求自学教学的有效方法。同时,要积极组织学生进行课外自学、发展自学能力,也就提高了学生学习的主动性。

独立工作和研究能力的培养,还没有得到我国高等教育的普遍重视,这主要是办学思想和教师结构的问题。尤其是大学生的创造力,一般都相当弱。创造力包括高层次的思维想象和实验、设计能力,它是由一些基本能力综合发展而形成的。创造性和独立性是不可分割的。因为,创造力主要是通过个人的独立作用和独立途径获得的。缺乏独立性,很难有创造性。因此,高等教育和中小学教育的一个显著差别,就是要更加强调独立学习、独立工作和独立研究能力的培养。大学要以这样的前提办学:毕业生一走上工作岗位,就能在一定的范围内独当一面,唱主角,负重任。大学毕业生应有一定的独立工作的才干。这种才干,就可能使他在各种岗位上创造业绩。科学发现需要独立思考和独特见解。波兰物理学家莫菲尔德曾经讲过:"爱因斯坦天才的特质就是他的思想完全独立。他不接受任何人的成见。"一个受传统观念禁锢、亦步亦趋、毫无创见的人,必然会失去进取的能力。

我国的大学生、研究生包括出国留学的研究生,大多都具有以下特征:

考试能力强,独立工作能力弱;吸取知识的意识强,独创精神弱。为了振兴中华和适应现代科学技术的发展,高等教育要从改革教育思想和增强教师的创造力入手,去发展大学生的独立工作和研究能力。同时,也要加强高等院校的学术及研究氛围,创造必要的图书、实验和交流协作条件。保证学生有较充裕的课外活动时间,尽早让学生参加研究活动。鼓励和指导优秀的学生取得较好的研究成果,而对大多数学生来说,则主要着眼于独立研究能力的培养。

四、德才只能由德才培养

德才兼备的大学生,只能由德才兼备的教育者(主要是教师)来培养。这个教育者,是许多教育者的总和。随着我国经济建设的发展,对高等教育的要求越来越高。高校师资建设,已经成为一个突出问题。高校教师的品德要求和智能结构,关系着我国高等教育的质量。

我国对教育道德规范和对人民教师精神文明的要求,系统研究得还不够。要严格要求学生,首先要严格要求先生。教育者必须先受教育。我国高校师资队伍的精神面貌一向是相当好的,但也要看到一些社会不良风气的影响。例如,在一些专业和教研室,名师固然难得,但严师也难求。教师尊重学生,首先要体现在对学生的严格要求上。要对学生进行严格的"三基"训练,即基础知识教学、基本技能训练、基本能力培养,逐个把关打下扎实的基础。对课堂纪律、教室卫生、甚至学生的仪表都应提出严格要求。学生模棱两可、含混不清的回答,通不过严师的关口;作业本上一丁点符号差错,不可能在严师的红笔下漏掉。教师在批考卷时要执法如山,一分情面也不给。对学生的不合理要求,不应有迁就的表现。教师对学生的爱,要自觉地与对教育事业的爱一致起来。严师的爱,更能体现出一个人民教师的品德。人们常说名师出高徒,实际上严师也能出高徒。况且出高徒的名师,多半是严师。因此,严师出高徒更有广泛性。

大学教师的智能结构也是一个值得研究的问题。我们先从中年教师进行分析。他们基本上是 20 世纪 50 年代和 60 年代中期以前毕业的,基础较好,基本能力较强。不少人创造精神和创造能力俱佳,取得了丰硕的研究成果。但是,有相当数量的中年教师创造能力还不强,有的甚至相当弱,知识面也比较狭窄。如果单从教学实践去培养高等师资,就是不全面的,应当走教学和科研相结合的道路。学生的研究能力要靠教师的研究能力来培养。况且,教学本身就是一种创造性的工作。教师的创造能力,在教学过程中将到处闪着光彩。因此,无论是专业课或是基础课的教师,都要一边教学,一边从事科学研究或者高等教育教学研究的活动。在条件允许的地方,不要急于让青年教师走上讲台,让他们一边辅导,一边搞研究,为未来的教学和研究工作作好准备。目前,不少高校以研究生来充实师资力量,这是富有远见的。我们要对老中青教师队伍作具体的分析研究。发挥老年教师的指导作用和顾问咨询作用,发挥中青年教师的骨干作用。对于部分青年教师,需要以安排进修的办法来弥补他们智能结构方面的缺陷,特别是要增长他们的研究能力。对于七七届及以后的大学毕业生,则需以各种措施,尽快把他们提高到研究生的水平。再过五年到十年,现在的青年教师将成为大学师资的主力。所以,大批青年教师研究能力特别是创造能力的提高,将使大学的教师素质发生巨大的变化。加强高等教育和教学研究,是提高师资水平的另一重要方面。现在有不少大学教师和学校干部,对高等教育科学及教学理论不是很熟悉。提高教学理论水平,才能自觉地掌握教学规律,增强教学能力。

我国高等院校教师要朝着以下的方向发展:具有共产主义的教育道德和理想,具有优良的教学能力,具有创造性的研究才能。

中国有着悠久的教育历史。我们既要吸取外国教育的经验,更要继承民族文化的传统,为发展中国式的高等教育事业而努力工作。

端正教育思想是搞好教学改革的基础*

在"三个面向"(教育要面向现代化、面向世界、面向未来)的指引下,教育战线形势喜人,教育作为全党全国工作的一个重点,切实提上了党和政府的重要议事日程。最近一两年来,我国高等学校的教学改革出现了积极试验的生动局面,在教学过程中的许多方面作了有益的尝试,积累了宝贵的经验。

由于教学改革思想性、学术性和政策性都很强,而且是一项长期、艰苦、细致的工作,因此,作为教学改革思想基础的教育思想的研究,就显得非常重要和具有现实的指导意义。事实上,这几年我国高等教育反映出来的种种弊端,大体上都和教育思想有关。例如,一些领导未把主要精力放在主要的教学工作上,一些教师的兴奋点不在教书育人上,学校政治思想工作较薄弱,学风建设进展不大,工程训练和实践环节受到了削弱,教师传授知识和学生复现认识的框架以及能力培养问题还未有较好的突破,单纯教学型和单一模式的教学过程尚未有较大的改观,如此等等,不一而足。通过这两年来的教学实践,我深深体会到对教育和教学的领导首先是教育思想的领导。教育事业的确是天底下最复杂的一种事业,千头万绪,因素繁多。但作为教育者,必须端正教育思想,正确认识教育思想的一些基本问题。只有这样,才能在可靠和牢固的基础上去推动教学改革的发展,开创教学改革的新局面。

一、端正办学指导思想,主动适应社会发展的需要

在上海市高等教育局和高等教育学会的指导下,我校从 1985 年上半年起,首先以高等教育研究室为主,展开教育思想的研讨,然后逐步拓广到校

---

* 原文发表于上海科学技术大学《教学研究》,1988(2):35-39.

领导班子、部、处、系、教研室领导和广大教师之中。教师队伍中面上的研讨仍比较薄弱,尚待努力加强。然而,校领导班子和中层领导班子对教育思想的学习和研究是富有一定成效的。我校的具体做法是:端正办学指导思想,把制定学校总体规划、"七五"教学规划和教育思想的研究结合起来,把端正教育思想作为全校教学工作会议的重要内容,把加强思想政治工作、整顿学风和教育思想的讨论结合起来。今年暑假,我校举行的校系两级干部学习班,主题就是:端正办学指导思想,深入研究学校的各项发展规划。

在学校的发展规模和办学特色上,以往看法不尽一致。有的同志希望办成万人大学并附有理工、管理、人文科学和研究生四个学院。有的同志认为理工结合已是当今工学院的发展共性,谈不上特色了,赞成理、工、管、文相互交叉渗透的办学特色,通过反复学习研讨,统一了认识和看法。大家认为,1985年5月《中共中央关于教育体制改革的决定》指出的"教育必须为社会主义建设服务,社会主义建设必须依靠教育",是我们发展教育必须遵循的根本指导思想。为社会主义"两个文明"(精神文明和物质文明)建设服务,就要随时注意纠正脱离社会需要和实际可能盲目追求自我完善的倾向。邓小平同志指出,"四个现代化,关键是科学技术的现代化",而"科学技术人才的培养,基础在教育"[①]。

因此,我校要在社会、经济、科技发展方面发挥更大作用,就一定要把立足点放在为全国和上海地区的现代化建设服务上。根据我校条件、专业和学科设置的特点,除力争承担一部分科研任务外,主要是为上海发展新兴产业输送大量的人才。为此,首先要努力办出学校的特色。这就是以应用理科为基础,致力于发展新材料、新技术和新型的工程技术学科,保持学科和专业的新颖性和前沿性。理工结合自然不等于理工相加,我们将在如何结合上积极探索。我校将继承办学传统,继续以理工结合为主,积极而稳妥地调整专业设置,调整学科内部系科的比例结构,适当发展新专业特别是文理结合的新学科。同时,我校仍坚持多种形式办学的方针,注意计划性和灵活性的统一。根据社会需要及我校的具体情况,以本科生培养为主,努力发展研究生教育和继续工程教育,适当控制专科生的数量。在学校发展建设与规模上,要坚持在努力提高教学质量的前提下,量力而行,稳步发展。至1990年,计划内学生数达5 000人,其中本科生与专科生4 550多人,研究生近450人;专业数达25个;市

---

① 《邓小平文选》第2卷,人民出版社,1994年版。

级重点学科从现在的4个增加到7个,力争1~2个学科成为全国重点学科,博士点从现有的3个增加到6~8个,硕士点从现有的11个增加到15~20个。通过学习和回顾总结,人们领悟到这样一条规律:高等教育要很好发挥人才培养的社会效果并保持办学的活力,就必须主动适应经济和社会发展的需要。而主动适应的过程就是从国情和校情出发,不断进行教育改革的过程,改革教育思想,改革教育体制,改革教学内容和教学方法。

  在过去的一段时间内,我校校领导的主要精力还没有集中到教学上来;在教育改革的过程中,对学校的根本任务与职能,教学、科研、科技服务三种关系,一段时间也比较模糊;一部分教师、干部的精力有所分散,教书育人的责任感没有真正确立。通过教育思想的学习和研讨,各级领导在不同程度上正视了办学指导思想问题,学校的中心工作即培养人才有了新的起色。为了适应经济和社会发展的需要,大家清晰地认识到,学校的根本任务是培养新时期所要求的高质量的人才,培养人才应该作为学校各项工作的出发点。根据我校的实际情况,学校提出了"以教学为主,努力建设两个中心"的方针。以教学为主不仅因为教学工作是学校经常性的中心工作,也是因为提高教学水平,确保教学质量,培养合格人才是学校各项工作的归宿。以教学为主体现在校、系的主要领导要亲自抓教学,各部门要牢固树立为教学服务、为学生服务的思想;上下一致,明确教学改革是学校所有改革中最主要的改革。为了培育高质量的人才,就要努力把大学建设成为"两个中心";而大学的科学研究,同样是以培养人才作为归宿的。学校规定各研究所都要为培养本科生、研究生作出贡献,提倡专职科研人员兼负教学任务。同时,科研正是培育创造力的沃土。把科学研究引进整个教学过程之中,是现代高等教育的一大特征。根据我校的教学实践,将教学和科研结合,有利于提高学生的独立工作能力,增强毕业后就业的适应性,激发智力活动的积极性,发展创造性思维,培养检索情报资料的技能,养成良好的职业上所要求的重要个性品质。我们认为,局限于极少数有天赋的大学生接触科研的时代已经过去了,应当让每一个大学生接受科研训练,逐步掌握科学研究的方法和手段。

二、学风建设是教学改革的重要内容

  前两年,我校的校风和学风有所下降,这引起了全校教师、学校干部、学生和学生家长的强烈关注。学风不仅仅是学生的学习态度和学习纪律问题,还体现了学校和教师的治学风尚和学习动机。从1981年以来,全校因考试作弊按"0"分处理并不准参加正常补考的学生数达100多人。在一次全校性教学秩序抽查中,全校有122名学生上课迟到;上午8时30分还在寝室睡懒觉的学生有200多人。在一段时间里,学风问题几乎成了学校各种会议的自发议题。教师和学校干部的呼吁促使学校领导和有关部门开始深入地研究学风问题。

学风是学校教育的聚光镜。学风问题必然涉及学校思想政治工作、教学和教学管理工作、师资建设工作和社会风气影响,甚至还涉及学生毕业分配工作以及各种政策性的措施等。学风既然是一种综合性反映,治理它也只能用综合性治理方法。学风建设主要包括三个方面内容:加强思想政治教育;改善教学过程;严格教学管理。这三个方面都是教学改革面临的重大课题。因此,学风建设是教学改革的重要内容,是一项绝对不可掉以轻心的基础建设。它既是进行教学改革的重要保证,也反馈了教学改革的重要信息。教学改革要由教育思想来加以指导。我校在狠抓学风建设上,首先把学风建设和端正教育思想密切结合起来,把学风问题提高到教育思想的高度来认识。

学校组织师生员工认真学习了《中共中央关于教育体制改革的决定》中关于新时期人才质量的论述,明确了培养"四有""两热爱"(即有理想,有道德,有文化,有纪律,热爱社会主义祖国和社会主义事业)具有献身精神和科学精神的人才标准,在政治素质和业务能力两方面提出了高标准的培养目标。德智体全面发展的人才观和质量观,是一个极其重要的教育思想。只有树立起"勤奋、求实、严谨、进取"的优良学风,才能完成新时期高标准人才培养的大业。因为,智能培养和学习动机是密切相关的。只有培养学生正当的学习动机才能充分发挥学生内在的积极力量,起到提高教学质量的良好效果。人才的成就不仅需要创造力,而且也需要优良的个性心理品质。优良的个性心理品质的培养,离不开优良学风的熏陶。学校近年来把整顿学风列为学校工作的中心任务,形成了全校党政齐抓共管的局面。近两年来,在学风建设上主要做了以下几个方面的工作。

1. 加强了对学生的理想纪律教育、爱国主义教育、全心全意为人民服务的思想教育以及成才教育。学校陆续邀请了一些革命老前辈、中国女排代表以及知名学者来校为学生作报告,收到了很好的效果。学校对新时期加强学生思想政治工作的新方法和途径开展研究,切实改变了一段时期思想政治工作软弱无力的状况。各系还及时举行家长会,通报学生情况,争取家长配合学校对其子女进行针对性教育。

2. 从狠抓考风入手。从1983年下半年开始,教务处组织各系、教研室对50多门考试课程试卷进行了抽查,各系自查课程30多门,互查课程27门。试卷的抽查,对克服分数贬值,促进教师严格把好考核成绩关有良好作用。以往未进行抽查时,不及格的总人次占参加考核总人次的最高比例为4.6%;抽查后,最高达到8.7%。对于补考课程,为了不降低补考要求,不送分过关,学校要求教师在期末命题时,同时出好A、B两份试卷,任抽一份封存留作补考。在整顿考试纪律方面,学校采取了一系列严格的措施。例如,清理考场,除监考人员外还组织了校、系领导参加的巡视工作。对违反考场纪律者提出警告,对确属作弊者张榜公布并按"0"分处理,对有漏题现象的教师进行通报批评,对严格把关的教师进行表扬。事实证明,只要措施有力,高等院校基本上杜绝作弊行为是可以实现的。这学期的期终考查,监考和巡视相当严格,结果,发现有作弊行为的学生全校仅有4人,这和往年相比,无疑是个很大的进步。

3. 把教学检查作为一项经常性的工作。多年来,我校一直坚持学期初稳定教学秩序,期中进行教学检查,期末抓考试考风的制度。由于整顿学风的需要,我们逐步把教学检查作为一项经常性的工作。就这学期来说,就进行了三次课堂教学秩序的检查、三次晚自修状况和学生宿舍状况的检查,组织了对毕业作业的自查和抽查,开始了对高等数学的课程评估。三次对上课秩序的检查结果表明,一次比一次好。第一次抽查时,上课秩序很好和较好的班级占85%,第二次占94%,第三次占96%。第一次抽查在教室和阅览室夜自修的学生只有600余人,第二次单教室就有1100多人,第三次已有2000余人。

4. 严格学籍成绩管理制度。从1977年以来,我校每学期补考人次达5.4%~11%,退学共62人,留级共186人次。以上数字一方面说明了少数学生学习不努力,另一方面也说明了我们认真抓了学籍管理和成绩考核。严格管理是学风建设的一个重要方面。我校的教学管理是抓得紧的,成绩考核也是严格的,基础课统考题的深广度,能够确保质量。在学籍处理问题上,家长求情,有人充当说客的现象是屡见不鲜的,教务部门为了维护学校和社会的信誉,保证人才质量,严格把关,这是十分必要的。

5. 丰富第二课堂,让学生充分发展自己的兴趣专长和特殊才能。这两年来,我校的第二课堂教育有了较大的发展。在校宣传部、团委、科研处和教务处的共同配合下,文学、艺术、美学、声乐等讲座和进修班充实了大学生的课余生活,各种大学生社团得到了有关教师和部门的指导和支持。电化教育丰富多彩,外语听音设备得到较好地充实,比如英语演讲比赛、英语晚会、数学竞赛、物理竞赛、计算机竞赛等吸引着大学生,学生的勤工助学活动也有了一定的发展。上述这些,对引导大学生从事健康、有益的科技文化体育活动提供了舞台,在一定程度上促进了学生的精神文明建设。

6. 在保证大面积教学质量的同时,重视优秀生的培养,实行中期选拔制度。我校77级和78级的教学,积累了培养优秀生的经验。近两年来,我校在无线电电子学系的83级学生中,选拔了29名优秀生,采取配备导师和不脱离班级的培养方式;85级新生入学后,从总分在580分以上的学生中,选拔了36名优秀生,重新组成85(A)班,强化数学、物理、外语和计算机教学。由于对其加强教育管理和采取淘汰制,优秀班的学风为全校树立了良好的榜样。这些优秀生有着强烈的进取心,刻苦学习,治学严谨,受到了指导教师的一致赞扬,为校、系学风的好转起到了推动作用。另外,从1985年起在我校专科生中实行中期选拔考试,经过严格考核,先后选拔了22名专科生转入本科学习。选拔的人数虽然不多,但对专科生震动很大,有力地推动了专科教学。

7. 除了努力建立一支精悍而且稳定的政工队伍外,着重调动两方面人员的力量。一是动员和鼓励广大教师在教书育人中作出贡献,并且强调充分发挥教学的教育作用;二是在广大学生中开展自我教育,充分发挥学生集体和学生干部的作用。在本学期举行的全校教学工作会议上也交流了教书育人的经验,表彰了52名教师在教书育人中所作的贡献,激发了广大教师对作为一个教育者应当成为一名灵魂工程师的认识、责任感和崇高的热情。

目前,在全校教师、干部、学生和家长的共同努力下,我校的学风正在逐步好转,取得了一定的成效,但距根本好转还有较大距离。学风建设是一项持之以恒的基础建设,我们必须扎扎实实、坚决持久地抓下去,实行悉心疏导和严格管理相结合,齐抓共管,综合治理。我们的主要体会是,要把学风建设始终作为教学改革的重要内容来抓,为此,首先要端正教育思想,把学风建设建立在共同认识的思想基础上。

试论创造精神与创造能力的培养*

人的本质是什么？是创造。人们为人民谋幸福的无穷无尽的创造才能，例如想象力和幻想力，就曾经被马克思称之为文化的无价之宝，被列宁称之为人的极伟大的品质。

能力的培养越来越被教育界关注了，不过是一般而言，还仅是注目而已。要使教师从满堂灌中改变过来，使学生从分数中解放出来，使中小学从升学率中解脱开来，恐怕还要花费一番气力。大学是输送人才的重要阵地，是直接交"货"的智力工厂，能力的培养尤为重要。本文限于理工科高等院校，试以创造精神与创造能力的培养为题进行一些讨论。

一、创造精神的培养

郭沫若在《科学的春天》里写道："伟大的天文学家哥白尼说：人的天职在勇于探索真理。我国人民历来是勇于探索，勇于创造，勇于革命的。我们一定要打破陈规，披荆斩棘，开拓我国科学发展的道路。既异想天开，又实事求是，这是科学工作者特有的风格，让我们在无穷的宇宙长河中去探索无穷的真理吧！"言近旨远，深深寄托着上一辈科学工作者们的希望，继承民族传统，激发创造精神。要培养勇于探索和革新的创造精神，就必须加强辩证唯物主义和历史唯物主义的教育，破除迷信，解放思想。一个人在攻克科学技术堡垒中获得的成功，无非来自两个方面：一是探索到新的真理，或者有所发明创造；二是打破了传统观念，或者有所修正提高。无论是前者还是后者，都有个破除迷信的问题。

---

* 原文发表于上海科学技术大学《教学研究》，1980(2)：16-21.

首先要破除对于已有科学体系的迷信,消除对于探索真理、发明创造的神秘感。科学并不像有些人所想的那样不可逾越,那样天衣无缝和完美无缺。科学作为反映自然、社会、思维等客观规律的知识体系,由于受到历史条件的限制,在接近客观真理的过程中,它的真理性是相对的,例如,现在人类关于地球的知识,与16世纪麦哲伦的船队作环球航行的时候相比,有天壤之别;然而,现代人类关于宇宙的知识,若与麦哲伦的船队对地球的认识相比,恐怕还要稍逊一筹。因此,在教学中,教师既要讲已经出色解决的问题,也要讲尚待艰苦探索的问题;既要讲结果的成功和应用,也要讲探索它的艰辛和曲折。认识是不断发展的,科学的宝藏既丰富多彩,又取之不尽。只要人们不畏探索和善于探索,不管你是名家大师还是普通科技工作者,都能够在不同岗位和不同程度上,做到有所创见和创新,尽到一名真理探索者的职责。

当然,常有人仅注重于知识的占有,而忽视了对真理的探索。它在教学上的反映是:教者常满足于效果良好地传授知识,而对学生的创造精神与创造能力的培养,则置于无足轻重的地位;学者常满足于考分优秀地接受知识,而对于自己创造精神与创造能力的培养,则属于不曾用心之事。一个创造精神严重不足的人,每当遇到创造性的工作,往往妄自菲薄,畏缩不前,总是把探索视为畏途。

把学习与探索、学习与创造完全割裂开来,自然会对打基础不可能有全面的理解。我们暂且不论什么是基础的问题,只略以科学史实而论,也能得到一点启发。数学家高斯小学时发现了等差级数和二项展开式,物理学家费米中学毕业写出了论弦与振动的论文,天文学家伽利略读大学时发现了摆的等时性规律,如此等等,不一而足。他们并不是等到具备了一个大学问家的资格才去思考探索的。另外,像瓦特、富兰克林、爱迪生等这些杰出的发明家,主要是自学出来的,当他们开始发明创造时,并不一定有雄厚的知识基础。他们的创造精神却是值得人们永远敬佩的。他们的共同点在于:学习是为了创造,而创造则必须学习,学习与创造相辅相成。既然如此,这里的学习自然包含两个方面,即科学知识的积累和创造力的培养。

一位杰出的科学家和发明家的人生价值,应当用"创造"这两个字来衡量。为了创造祖国美好的未来,我们特别需要探索者的胆识。其次,也要破除对于科学伟人的迷信,消除认为科学伟人高不可攀,或者"凡是伟人说的都正确"的陈旧观点。科学伟人之所以伟大,是因为他们创造性的活动,对人类科学文明的发展,作出了重要的贡献。他们的理论、成果以及著作是后人的宝贵财富。然而,科学上不可能也不应该有绝对正确的权威,因为科学的发展具有无限的生命力。美国科学史家萨尔顿指出:"科学总是革命的和非正统的;这是它的本性;只有科学在睡大觉才不如此。"因此,以新理论取代旧理论,以新技术淘汰旧技术,不断打破传统观念,青出于蓝胜于蓝,在科学史上是屡见不鲜的。

在19世纪,光的波动学说又被提了出来,它动摇着牛顿关于光的微粒学说。波动说的支持者,英国物理学家托马斯·杨曾公开讲过一段话。这段话现在听起来仍颇有启发:"尽管我仰慕牛顿的大名,但我并不因此非得认为他是百无一失的。我遗憾地看到他也会弄错,而他的权威也许有时甚至阻碍了科学的进步。"但是到了19世纪70年代,光的机械波动论,又被麦克斯韦所创立的光的电磁波理论所取代。在20世纪,从爱因斯坦的光子学说到近代量子力学的建立,光的本性理论不断向纵深发展。可见,一位科学名家的所有工作不可能无懈可击,一位科学伟人更不可能什么都永远正确,迷信是不利于科学的繁荣和发展的。因此,后人超过前人,学生高于先生,这正是科学发展的需要。

科学伟人是科学史上的佼佼者,他们才华出众,成果丰硕,名声显赫。人们对他们刮目相看是十分自然的。然而,每一位伟人成名前艰苦卓绝的探索史,却是最富有启发性的。人们看到,他们的才识,是后天长期自强不息的结果,是刻苦进行学习与创造的产物。他们的大脑结构与普通人并无区别,他们与普通人一样同食人间烟火。他们就以生理素质而论,与一般人相比,也只是各有千秋而已。所以,在青年学生中容易引起的伟人神秘和自怨鲁钝之感是完全没有必要的。"彼人也,予人也,彼能是,而我乃不能是?"这句话问得实在有道理,它应当成为一名创造者的格言。

为了激发创造精神,我们必须进一步解放思想。我们既要提倡真理面前人人平等,又要提倡探索真理人人有责。为了造就一大批科学技术的新秀,高等院校应当成为一个思想解放和百家争鸣的科学探索者的乐园。

二、创造能力的培养

创造能力包含哪一些能力?不同学科可能有不同的回答。为了不至于众说纷纭,我们单以理工科院校大学生的培养而论。这样一来,主要的能力是否可以这般列出:自学能力,逻辑思维能力,分析能力与判断能力,想象力,表达能力以及观察能力和理解能力等。当然,我们无须对所有的能力都一一剖析,因为能力和培养并非从大学开始。另外,在主要能力中没有列出记忆力并非一种疏忽,因为记忆力对创造性来说并不具有本质的影响。记忆力中等甚至下等而作出上等科学贡献的人为数不少。尽管如此,记忆力仍不失为一种需要多加培养的能力,因为它是有用的和令人羡慕的。

自学能力的重要性是无论怎样强调也不过分的。历史上自学成才的优秀科学家不乏其人。刻苦自学既能磨炼人的意志和信念,又可在觅珍探宝中领悟到学习的方法和科学内在的规律。经历过顽强自学的人,往往形成自己独特的思维方法,探索精神久旺不衰,不习惯于亦步亦趋,不满足于老是跟在别人的后面。我国著名数学家华罗庚就是自学成才的杰出代表,他知识渊博,才学的深广度兼优,而且在长期的自学自强中,形成了一种明晰且直接的思维研究方法,深为科学界所赞赏。同时,近代科学的迅猛发展,边缘科学的不断涌现,知识陈旧周期的缩短,知识结构的多学科性,如此等等,无不要求一名科技工作者具备良好的自学能力。目前在我校的大学生中,七七届学生一般说来自学能力较强,因为他们多半都有自学的经历。其他几届大多学生自学能力都显得不足,特别是入学不久的部分新生,自学能力相当欠缺,课后的"功课",只限于做习题,习题做好,功课完毕。复习和预习教材的习惯没有养成,自学参考书的能力明显缺乏。这种现象,深刻地反映了一些中学片面追求升学率所留下的弊端。所以,开辟多种途径去培养大学生的自学能力,是高等院校当前需要正视的一个问题。

本文所说的逻辑思维能力,包含着科学抽象、推理论证的能力,也包含一些分析与判断的能力。这种思维能力是自然科学工作者的基本能力,这种能力的培养应当渗透到教学的每一环节中去。目前的大学生,多数是计算能力较强,论证推理能力较弱,而对一些需要进行综合分析的问题,往往感到束手无策。由此可见,需要创造机会去培养学生的逻辑思维能力。例如,在课堂教学中,教师单纯传授知识是不够的,他还必须引导学生思考,启发他们进行逻辑思维,教会学生进行科学思维的方法和方式。应当说,引导比传授更符合教育的目的。同样,学生单单在课堂上接受知识也是不够的,还必须积极思维,触类旁通,闻一知十。学生不仅要理解有声的语言和有形的符号,还要捉摸逻辑思维的规律性,提高自己主动探索知识的能力。应当说,知识的探索比知识的占有更富有意义。

想象力是科学发现的催产婆。爱因斯坦说:"想象比知识更重要,因为知识是有限的,而想象力概括着世界上的一切,推动着进步,并且是知识进化的源泉。严格地说,想象力是科学研究中的实在因素。"郭沫若说:"其实就是科学活动也不能不需要想象,不能不发挥综合的创造性。科学研究有时候却需要你有一分的证据说十分的话,要你有科学的预见。这是不能不依靠合乎规律的想象的。"列宁也说过:"如果没有想象的话,那种数学上的伟大发明也是不可能的。"确实,不需要想象的科学是不存在的。大凡一位科学巨人都具有丰富的想象力,科学史上的各种伟大的科学预见令人信服地表明了这一点。因此,在人才的培养中,想象力这个科学研究中的"实在因素"是不可忽视的。

然而,在理工科高等院校中,能力的培养传统地低于知识的灌输,而想象力的培养又低于其他能力的培养。这样,想象力和知识相比,确是处于相形见绌的位置。为此,我们建议在理工科高等院校中,对学生进行必要的美学教育,借此来启发和培养学生创造性的想象力。当然,进行美学教育的好处远非这一点。同时,我们也建议在课堂教学和其他教学形式中讲一点科学史,借此来介绍一些科学史上科学想象的杰出事例。当然,讲科学史的好处也远非这一点而已。值得人们深思的是,目前大学里总是课程偏多,学生负担偏重,缺乏生气勃勃的探索和讨论,学生们往往没有时间对自己的热爱课题——它被爱因斯坦称为最好的老师,多加研讨,他们少有心思去进行科学想象,不容易享受到幻想的乐趣。毫无疑问,这种状况若不迅速改变,一大批科学新秀就难以成长起来。

培养创造能力与遵循教学规律是不矛盾的;知识的增进和能力的增强相辅相成。然而,要培养能力,或者挖掘学生的智力潜力,必然对教学方法提出较高的要求,一些传统的教学观念也不尽适用了。例如,实行学分制和尽可能开设反映现代科学面貌的选修课,将给学生创造能力的培养和教学方法的改进带来深刻的影响。

在理工科院校的课堂教学中,满堂灌的现象带有一定的普遍性,其中基础课较为突出。满堂灌原本是违背教学原则的,但有时却为教师和同学所默然接受,以至于两相情愿。这是什么道理呢? 由于近几年来对教学计划和教学大纲的修订工作抓得不力,教学内容开始逐渐膨胀和庞杂起来,学时纷纷增加,超大纲习以为常。并且由于一些教师在教学方法上因循守旧,再加上内容取舍不当,于是堂堂赶进度,争分又夺秒,其结果必然是满堂灌。同时,也由于学生基础知识不够扎实,学习方法沿袭中学的一套,不能适应大学课堂教学的深度、广度和速度,再加上自学能力欠缺,于是总是希望老师讲得多,讲得仔细,其结果,必然是接受满堂灌。

为了培养学生的自学能力和思维分析能力等,课堂教学应当贯彻少而精的原则,要提倡精讲,要留有余地。精讲才能启发,精讲才能留有余地。一位优秀的教师必然是积极引导学生去进行科学思维,举一反三,提高分析能力的。课堂教学要打破单纯传授知识的传统,兼讲一点科学方法论,讲一点逻辑思维和科学发展的规律性。积少成多,影响深远。同样,课堂教学也要打破单纯由教师讲授的传统,可以积极组织一些课堂讨论和辩论,进行答疑和归纳教学。组织学生进行读书报告、论文习作答辩、实验设计介绍以及操作表演等,借此来提高学生的表达能力和动手能力。

提倡学生独立思考,提高他们主动学习的积极性,这对培养学生的创造能力有直接影响。对一名大学生来说,独立思考主要体现在敢于在唯物主义的基础上,对知识或者名家进行怀疑。于可疑处而不疑,这是无所用心的显露。宋朝的张载曾经说过:"于不疑处有疑,方是进也。"科学研究中的"疑"是最可宝贵的,"疑"的特点就是不承认绝对的认识,不承认绝对的权威,怀疑传统的知识,怀疑被人们顶礼膜拜的权威。有人说,怀疑论是爱因斯坦的性格和思想特征,这应该是正确和深刻的分析。波兰物理学家莫菲尔德曾经讲过:"爱因斯坦天才的特质就是他的思想完全独立。他不接受任何人的成见。"试想,一名科学工作者如果缺乏怀疑精神,他必然亦步亦趋,既无创见,也不敢革新,只能接受传统观念的禁锢,创造的锋芒被磨损殆尽,从而失去了进取的能力。

因此,在高等院校的教学中,要重视答疑和质疑这些教学环节,鼓励学生提出问题,欢迎学术辩论,赞赏打破砂锅问到底的治学精神。作为教师,绝对不可挫伤学生主动学习的积极性,并且应当身为表率,建立起科学民主,教学相长,勇于探索的良好风尚。

学生的追根究底有时会使教师无法招架,然而这恰恰是正常的现象。如果一名教师可以毫不费力地回答大学生的全部问题,这倒很不正常了。

科学史表明，创造性常常表现在从小爱追根究底、所受的教育往往超出刻板的传统框架的那种人身上。有些学生的思维方式和提问题的角度常常使人感到怪异，或者他们注意的地方却往往是别人不值一顾之处。作为一名教师，不仅不应当对这些学生淡漠相待，而是应当热情肯定这种学生智力的独立性，然后加以引导。有时，教师还要进一步研究一下，看看这是否是一种富于创造性的才能显露。教育的一种失败正是粗暴地打击了学生冥思苦想的求学精神，从而扼杀了他们值得珍惜的创造的热情。

近几年来，高等院校都在抓师资质量的提高，这是一项带有战略意义的工作。提高教师业务水平，是提高教学质量的必要条件。名师出高徒，历来如此。创造精神与创造能力的培养，对教师提出了更高的要求。为了培养学生的才学两个方面，教师一是要遵循教育规律，研究教学方法；二是要开展科学研究活动，在科学实践中增强自身的创造才能。

如果说教师队伍的建设还算措施有力的话，那么相形之下教材的建设可谓是软弱无力的了。如今，理工科高等院校教材内容的陈旧问题，可以说是一个燃眉之急的问题。学生面临的问题是：一些现代科学的内容闻所未闻，参考书不是短缺就是不易借到。大学生毕业后，还要专门补学一些必备的专业知识，方能跨进科学研究的门槛，开始从事创造性的科学活动。这在时间上不仅是一种可惜的耽误，从某种意义上说是学制变相地延长。问题的症结就在于教材的陈旧，比如1958年出版的樊映川编的高等数学，时隔22年了，仍被多数工科院校原封不动地作为教材，这仅仅是一个例子而已。花开花落，生老病死，这是不可抗拒的规律。自然科学的教材再好，也只能好在一个阶段，它必然要被时间所淘汰的。现在是加速教材更新的时候了。因为，如果在大学里触及不到近代科学的脉搏，对现代一些重要的科学知识闻所未闻，这对青年科学工作者施展创造才能，必将带来莫大的障碍。

教材的更新常常要涉及学科体系的变动，甚至涉及中小学教材的一系列改革，当然是要认真对待的问题。从一门课程，从部分章节，从一点一滴做起是完全可行的。征途万里，始于足下。鼓励和奖励教师千方百计地修改教材，编写讲义，减删一些"陈米陈糠"，增添一些近代科学的新鲜血液，为那些有丰富教学经验、有编写能力的教师创造条件，有计划地进行教材改革工作，摸索经验，开辟道路。

编写教材一般可以走专家路线，依靠一些颇有学识的学者，编出高质量的教学用书。组织各校统编教材的方法不一定是可取的,因为统编的结果往往是失去了特色和风格,这种调和的痕迹隐约可见。编写教材可以走百花齐放、百家争鸣的群众路线,大学可以自行出版书籍,各种不同版本的教材在教学实践中受到审查和检验,也可在实践中逐步完善。一段时间后,优选出来的新教材,又将为再编的更新教材打下必要的基础。

为了四个现代化,为了无愧于民族的文化传统,教育改革,势在必行。考试制度和考试方法的改革,就是其中一项。要加强创造精神和创造能力的培养,就必须把学生从分数的束缚中解放出来。目前社会上只重分数、不重才学的情况比比皆是,大、中、小学均有不同程度的表现。一般说来,偏重分数的程度是中学大于大学,而小学又大于中学。将小学生禁锢在分数之中,长此以往,势将造成严重的后果。明知不对而又风行一时,真使人百思不解。其实,将分数看得重一点也未尝不可,然而若只重分数或偏重分数,这就非出问题不可了。分数是衡量教和学的一种标准,特别对于学生说来,仍不失为一种必要的标准。然而,它永远不能成为反映学生真才实学的唯一标准。目前的考试方法基本上是保守和陈旧的,单从考试成绩来评价人才,难免有片面性甚至有失真实性。目前在校的大学生,多半把分数看得过重。一次考试,偶中满分,于是乎志高气壮;而在另一次考试中稍受挫折,则又情绪直落,甚至妄自菲薄起来。一个学生应当把精力放在何处?应放在培养自己分析问题和解决问题的能力上。如果把精力固守在分数上,做分数的奴隶,必然是学习被动,眼界狭窄,创造精神不足,创造能力没有得到应有的培养。

我们提倡争取优良的学习成绩,但这种成绩应该是知识和能力的反映,而不应当是死记硬背和考试技巧的体现。古往今来,读书人要真正做到看破分数是颇为不易的,因为看破的破包含着对分数辩证的剖析。然而有真才实学的却往往是那些看破了分数的人。看破分数与取得优等分数是可以并存的,问题在于是你征服了分数,还是分数奴役着你。

一些有志于改革的教师,也正在对考试的方法和形式进行探索。例如,以一门课为基础,编写若干综合问题,知识的深度和广度可以超越这门课程。学生选题后,经过复习、查阅资料和反复思考,写成论文习作一类的文章,由教师审阅评分,对其中优秀者给予报告和推荐。这样的考试生动活泼,有助于学生自学能力、综合分析能力以及写作能力的培养。

古人说,读书破万卷,下笔如有神。破万卷的破,正是能力和知识闪烁的光彩。有了知识,又有了创造力,才能下笔如有神。由此可见,知识和能力,是人才培养中缺一不可的。人才的造就需要发现和培养。发现人才固然不易,但发现以后的关键,仍在于培养。高等院校担负着光荣而又艰巨的任务,人才培养的探索也将不停顿地继续下去,任重而道远。

试论创造教育[*]

在新技术革命推动下,社会的一大趋势,便是由工业社会转入信息社会。信息社会是以大量生产知识作为标志的,知识生产力将在信息社会中扮演主角。发展知识生产力就要依赖人的素质和智力,依赖人的创造能力。未来社会人的质量将比人的数量更显得重要。现代高等教育的任务,就是为社会培养和输送全面发展的创造型的高质量人才。为此,需要冲破传统教育的一些框架,超越常轨,立足改革。例如,随着世界新科学技术的发展,学生通过信息的利用来创造知识的前景非常广阔,开发创造力将在教学过程中跃居突出的位置。另外,教和学的传统概念理应发生变化了。教师由名副其实的"讲"师地位转化为真正的"导"师,承当导引和咨询的作用;学生由复现认识活动转化为主动探索知识活动。自学教育将构成一个自学系统,成为大学教育的主要形式之一。还有,阶段教育将让位于终身教育,知识更新会变为一生的课题。如此等等,无不表明高等教育一方面要特别重视能力尤其是创造能力的培养,同时也要特别重视塑造青年一代高尚的道德情操和优良的个性心理品质。就是说,要坚持全面发展教育和发展创造教育,使高等教育在新技术浪潮的冲击下,保持着发展的活力和传统的价值。

本文着重讨论了创造教育和创造力问题,分析了阻碍大学生发展创造力的一些因素,同时也提出了在教育和教学改革中要优先考虑的若干方面。

---

[*] 原文发表于上海科学技术大学《教学研究》,1984(2):1-5.

一、创造教育和创造力

创造教育是教育学和创造学交叉而形成的一个具有广阔发展前景的研究领域。近代的创造教育,是一种冲破现存知识圈张力、开发创造能力的教育,是注重培养分析问题和解决问题能力的教育。它旨在运用创造学的理论和方法,在教育活动和教学实践之中,努力造就进取型和创造型的各种层次的人才。在现代教学论中,尽管学派林立,但是,教育家们在分析社会发展趋势之后,在强调创造能力上却保持着罕见的相同观点。现实和未来都要求学校把学生培养成具备三性的人,那就是服务性、适应性和创造性。邓小平同志指出,我国教育要面向现代化,面向世界,面向未来(三个面向)。也就是说,我国教育不仅要适应四个现代化建设的需要,更要反映世界新科学技术和生产力发展的水平,同时还应当有预见地去准备适应未来社会发展趋势的要求。这种高瞻远瞩的教育思想,为我国高等教育改革提供了方向和视野。为了实现三个面向,关键在于提高大学毕业生的质量,提高他们拥有三性的水平。但从目前的状况而论,创造性首先是个相当薄弱的环节。主要由于办学思想、教学过程和教师结构的问题,我国大学生的创造力多半相当弱。一些专家认为,我国大学生有两强两弱:考试能力强,独立工作能力弱;储藏知识的意识强,独创精神弱。我国在科学技术中,重大开拓性进展和突出的独创性发明还不多。我国教育界对于开发学生智力虽然是较早地予以重视,但改革的步伐迈得相当缓慢。目前较为普遍的状况仍然是传统教学的模式:在智育教育中偏重于知识的传授,比较忽视能力的培养,而在能力的培养中又比较忽视创造力的开发。轻视甚至忽视创造力的培养,必将对一个民族的未来发展产生极为不利的影响。

创造力是一种创造新的想法和新的事物的综合性能力。创造力有两种含义:获得成就的能力和可能获得成就的潜在能力。因此,创造力有狭义和广义之分。狭义的创造力,基本上由高层次的思维想象能力、表现力和实践能力构成,其核心是创造思维。创造思维立足于知识和经验的基础上,经过想象、构思和设计,以一种新的方式解决前人未曾解决的问题。创造性思维具有思维和想象两种功能,它是扩散性思维与集中性思维,或者直觉思维与逻辑思维相结合的产物。在创造教育中,创造的意思是广义的。具有社会意义和科学价值的发明和发现固然是创造,但对个人而言之,获得前所未有的认识和活动产物也可称之为创造。创造力需要宽阔且扎实的基础知识。扎实有个层次上逐步深化的过程,而宽阔的知识面却是创造的沃土,求其解和不求甚解的知识都是需要的。他山之石,可以攻玉;有意栽花花不发,无心插柳柳成荫。脱离了知识的积累,就只能"创造"空中楼阁了。然而对于能力,不应任凭它自发产生,而需要在教学过程中自觉培养。并且,不能等到学成之后再来培养创造力。一方面创造力更能促进知识的掌握、运用和更新,另一方面,学海无边,人生有涯,青年期处在最佳创造年龄的开始阶段,忽视这个时期创造力的培养可能贻误终生。另外,创造力虽然依赖于一定的知识基础,但它不一定随着学历和知识的增长而自然增长。在科学史上,一些大器早成的人,主要是较早地具备了创造精神和创造能力。一个17岁左右的后生,就可能令人刮目相看了。高斯17岁发现了数论中的二次互反律,伽罗华17岁着手奠定群论基础,费米17岁写出了论弦与振动的出色论文,王维17岁写出《九月九日忆山东兄弟》的千古佳作,夏完淳17岁时就壮烈殉国。因此,要尽早地引导大学生参加研究活动,鼓励和指导他们有所创见和创新,甚至取得优异的研究成果。而在整个教学环节上,则应注重大学生创造力的发展。创造力是一种思维能力,而思维能力又是智力的核心。高等教育不仅要培养一般性的思维能力,还要培养创造性思维能力;不仅要注意思维的逻辑性和严密性,还要注意思维的独立性和创造性。在创造性活动中,有时需要不合常规的思维来进行发现,但又需要严谨的思维来判断发现。

科学发现需要卓越的想象力。爱因斯坦把想象力称为知识进化的源泉。人类对宏观、微观世界的认识,都是通过各种假说来逐步推进的。科学假说是通向真理的桥梁。可是,理工科大学生的想象力,一般都比较贫乏。这可能是重理轻文带来的后果。因此,改善大学生的知识结构,提倡文理渗透,是完全有必要的。科技发明离不开创造性的实验,设计能力。事实上,自然科学是从实验中发展起来的。前几年放松培养实验能力的状况,正在扭转,但认为从事实验低人一等的大谬之见,仍未根本纠正。大学生不能单有实验操作能力,还要培养他们选择和制作仪器、设计实验、处理数据的能力,通过实验,培养洞察力和抓住本质的本领。历史上,由于不相信实验结果而失去发现机会的事,不乏其例。

创造性和独立性是不可分割的。创造力主要是通过个人的独立思考、独立探索并通过独立途径获得的。缺乏独立性,很难有创造性。一个创造型的学生,总是对自己感兴趣的事物苦心探究,欲罢不能。他们不迷信权威,对教师和书本传授的知识,往往会产生求异反应,于不疑处有疑。他们的学习目标是发现问题和发展知识。高等教育应当特别强调大学生的独立学习、独立思维、独立工作和独立研究能力的培养。大学要以这样的前提办学:毕业生走上工作岗位就要在一定的范围内,独当一面,胜任其职。

创造力和学习动机是密切相关的。因为,只有培养学生正当的学习动机,才能充分发挥学生内在的积极力量,起到提高教学质量的良好效果。一个学生从小学到大学,随着年龄增长,学习动机在变化和发展。在不同的教育阶段,尽管学习动机不是单一的,但有一种主动学习动机起主导作用。学生升入大学后,其主要学习动机,往往从过去由于获取知识的兴趣而引起的认识动机,发展为考虑前途的前景动机以及社会政治动机等。因此,在高等教育中,加强对学生的共产主义的理想、信念和道德教育是至关重要的。使学生学习的社会动机得到良好的发展,树立起对祖国的责任感,满怀着事业心,渴望着为人民的事业谋利益,具有较高的精神文明和高尚的道德准备。

人才的成就不仅需要创造力,而且也需要优良的个性心理品质,如意志品质、情绪品质、性格和爱好诸方面的状况等。国外的心理学家曾对诺贝尔奖金获得者以及众多的杰出科学家进行个性心理品质的调查研究,结果表明,富有创造性的科学家,往往是不受传统观念的束缚,喜欢独立思考,思维带有批判性,想象带有新颖性的。他们在事业上百折不挠,坚持不懈,在逆境和失败中进取;他们富有自信心和好奇心,勤奋、谨慎,对工作充满着持久的热情。

青年人在个性心理品质方面具有相当的可塑性。因此,高等教育要在思想教育和教学过程中注意这一问题,改变一些学生在个性心理品质方面的不良倾向。例如,有些大学生创造精神十分欠缺,他们习惯于复现式的学习方式,在探索性学习面前往往畏缩不前。他们觉得科学伟人神秘和高不可攀,对自己则有自怨鲁钝之感。所以,在教学中适当使用发现式教学法,将有助于学生了解科学探索的过程。在介绍科学家丰硕成果的同时，讲一点名人学者艰苦卓绝的探索史，可能是富有启发性的。有的学生夸大了灵感的作用，低估了学习的勤奋性和坚持性的力量。事实上，灵感是一种心理活动。它是智慧的闪光，智能大海中的浪花。科学发现可能得之于顷刻，但积之于长久。"天才是百分之一的灵感，百分之九十九的汗水。"素质一般甚至素质很差的人，只要坚韧不拔，自强不息，经过长期创造性的劳动，也可能发展成为天才。

不少人认为，目前的大学生有一个"先天不足"的问题。然而不足方面是什么呢？我以为，确切地说，不足之处不仅仅是智力方面的水平，而且突出表现在非智力方面的水平。非智力因素在人才的成长过程中起着非常重要的作用，是创造教育中不可缺少的教育内容。然而，前些年一些中小学教育忽视了学生非智力因素水平的提高。课程内容偏重，小学盲目追求超高分，中学片面追求升学率，造成部分学生德、智、体全面发展的失调，使他们的创造性心理品质未能得到健康的发展，这些问题已经引起了社会和教育界的广泛关注，中小学教育改革的势头是令人鼓舞的。

二、创造教育和教育改革

发展大学生的创造力，发展创造教育，就要从教育思想、教育大纲、课程设置、教材、师资结构、教学方法、考核标准等方面认真地进行改革。目前，不少教师在教学方法和考试方法上进行探索，作出了可贵的努力。但是，从总体上看，改革的效果不仅具有较大的局部性，而且改革的迫切性、自觉性和实践性并没有广泛地体现出来，传统的教学过程基本上依然如故。由此可见，要改变传统的做法是非花一番大气力不可的。因为，教育改革的问题涉及面广，有政策和认识方面的，也有体制和体系方面的。同时，教学论思想和教学改革有着密切的联系。下面，仅就教学过程来论述一下传统教育的弊端及其对发展创造教育的影响。

传统教学过程大体上是按照以下框架展开的：教师传授知识活动和学生复现认识活动。在这样的教学过程中，学生逐渐习惯于重复别人的思想并崇拜现存的书本知识。他们把知识变成了积压物资甚至是沉重的包袱。在这种教学过程中，教师往往采用"满堂灌"式的讲授教学方法，不留余地地多讲、细讲和复讲。在上述模式下,学生的智力和创造思维的发展,必然受到阻碍和损害。人们对于有形的损害易于察觉,而对无形的损害就可能掉以轻心了。教育家斯卡特金有这样一段论述,是应当受到注意的。他说:"损害思维的器官,比损害人体的其他任何器官要容易得多,而治愈它却是很难的。如果治晚了,那就完全没有治愈的可能。最有效的损害脑子和智力的办法之一,就是形式主义的死记知识。愚笨人正是用这种办法生产出来的,就是那种判断能力萎缩、衰退了的人们。他们不会理智地把自己学到的一般知识同现实联系起来,因而往往陷入困境。"

为了发展创造教育,高等教育要从教和学的陈旧观念中解脱出来。教要注重引导,学要强调探索。讨论式、研究式、发现式教学法,应在不同的教学环节中广泛使用。逐步将自学教学转变为高等教育的主要教学形式之一,并使它构成一种既能控制又能检测的自学系统。自学能力将在终身教育中发挥重要作用。抓好自学教育,就是为终身教育打下良好基础。

要改进教学过程,就需要对考标核准和考试方法进行改革。传统的评价标准和考核形式,是有严重缺陷的。优等生等同于高分生,然而高分生并不一定是优等生。为有效改变部分大学生高分低能的状况,一方面要提高试题的质量,把重点偏于记忆转向对主要内容的理解和分析上,转向运用知识去评价、证明和解决新的课题上。另一方面,要开辟多种考核形式,避免一次定局和把分数的作用提到不适当的位置。在大学的考核中,应当高度重视和鼓励学生的独立性和创造性。具有创造性思维和独立的认识能力,是优等生的重要标志。

传统的教学过程缺少教学和科研相结合的成分,缺少边缘交叉学科,缺少大学生和任课教师以外的专家、科技人员交流与研讨的机会。师徒式和作坊式的培养人才的方法,无法适应新科学技术的迅猛发展;固守专门化和纵深钻井的做法,将使学生的发展受到严重的限制。因此,在学好基础知识的同时,应尽早地安排大学生直接参与科研活动,增加边缘学科知识,拓宽学生视野,加强大学生与各类科技人员的交流合作能力。另外,应当保证大学生有自由支配的时间来选修课程,对自己深感兴趣的课题多加研讨,鼓励学生开拓自己的第二专业。

当然,传统教育的问题并不只是体现在教学过程中。例如,在政策上,一次高考定终身的做法,多少将一些有创造力的学生拒之于高等学府之外;而包分配的"铁饭碗",实在不利于进取精神的培养。一些社会责任感欠缺的学生,一旦考上了大学,进取之心就冷却下来了。学生的创造力的培养要靠教师的创造力,因此,师资培养,师资结构,师资交流,都是创造教育中十分重要的课题。限于篇幅,本文就不一一介绍了。

论教学风格*

一、教学风格的概念

自然科学家、文学家布封有一句名言:"风格就是人。"艺术风格的千姿百态、绚丽多彩,给人们留下了深刻的印象。同样是散文,朱自清的风格是委婉、细腻、创新,而巴金的风格是炽热、流畅、抒情。法国作家大仲马和小仲马虽是父子关系,但艺术风格大有径庭。前者以情节的曲折离奇取胜,后者则以真切自然的情理感人。人们习惯于评论艺术的风格和流派,在这方面有着颇具创见的研究成果。然而,对于关系着广泛对象的教学风格的研究,却相形见绌了。我们认为,这是教学研究需要正视的课题之一。

教学是学校实现教育目的的主要途径。教学活动,自然既包括传道、授业的教师的活动和闻道、习业的学生的活动。然而,在教学这种认识活动中,教师的管教与管导起着主导作用。因此,教学风格主要是指教师在引导和组织学生学习的过程中,逐步形成的特点和流派。一位有志于教育事业的、真正成熟的教师,必然具备一定的世界观、教育思想、教育经历和教育经验。具备特有的思想气质、文化素养、业务水平、创造才能和个性特征。所有这些的总和或者综合,构成了一位教师独特的教学特色和富有创造性的教学方法。而教学风格,正是这种教学特色和教学个性的体现。

然而,教师教学风格的形成,并不是我行我素的结果。教学风格是要从属于一定的教育目的、教育方针以及教育过程的规律性的。在我国教育界,很多优秀教师的教学风格尽管各有千秋,各具光彩,但他们的教学目的是相同的,即培养德、智、体全面发展的社会主义建设者和接班人。他们的风格,

---

* 本文合作者:柯寿仁,原文发表于上海科学技术大学《高教研究》,1991(1):6—11.

都是属于我国社会主义教育的范畴,体现了教育目的的一致性与教学风格多样性的统一。

教学风格是教师走向成熟的标志。风格一旦形成,具有一定的稳定性,但又不是一成不变的。教学风格带有鲜明的时代特征。它一方面和科学技术的发展密切相关,另一方面又受到不同时期各种教育思想的影响。并且,它与社会生活、时代风尚和文化传统紧密相连。然而,主流的教学风格往往与所处时代的社会要求相一致。我国高等教育的教学风格直接或间接地从不同侧面反映了我们时代对高等教育的要求。随着社会的发展,教学风格也会不断丰富、创新,为培养社会主义的人才作出更大的贡献。

在高等院校中,聚集了许多有卓著成就的科学家、专门家、学者、教授,他们的治学方法和思维方法往往是独特和行之有效的。他们将钻研专业和科学研究上的特点,融于教学实践中,使高等教育的教学风格更加色彩辉映。此外,大学生对不同教学风格具有较好的适应能力和鉴别能力,加之现代科学技术发展的需要,促进了教学风格的发展。高等教育的教学风格是拥有丰富内容的,是一门值得人们精心研究的生动课程。下面,我们将对理工科高等教育的教学风格,进行初步的概括。

二、发展能力型的风格

很多教师越来越相信,传授知识和发展学生的能力是可以在教学过程中统一起来的。那种把掌握科学知识与发展认识能力截然分裂开来、绝对对立起来的说法自然是不足取的。目前我国理工科高等院校教学中存在的一个主要问题,就是在知识传授的同时,相对忽视了基本能力的培养。人们常常发现,有些大学生智力平庸,在探索性的问题面前往往畏缩不前;部分学生应用知识分析问题和解决问题的能力欠缺。

凡是提倡发展学生能力的教师,一般也都是重视传授知识的。但是,在传授知识的方法上,他们反对"满堂灌"、死记硬背、"抱着走"的传授方法,反对把考试成绩作为衡量学生的唯一标准。提倡启发式教学,加强课外指导,主张多种形式的课堂教学和考核方法。他们认为,发展学生的认识能力和学习能力,方能把教学质量提高到一个新的水平。大学是培养专门人才的场所,是直接交"货"的智能工厂,为了适应现代科学的交叉、渗透和综合的要求,大学生必须加强自己的博学结构,提高自己的自学能力和综合能力。因此,一些教师甚至认为应该把发展学生独立思考、独立判断等能力和学习能力置于高等教育首位。

具有发展能力型的教师十分重视大学生自学能力的培养。他们认识到,刻苦自学既能磨炼人的意志和信念,又可在觅珍探宝中领悟到学习方法和科学内在的规律。经历过顽强自学的人,往往会形成自己独特的思维方式,探索精神长盛不衰,不习惯于亦步亦趋。爱因斯坦的直觉思维法,华罗庚明晰而直接的思维研究方法,都为科学界所赞赏。同时,现代科学体系的多学科、多层次和高度综合性,边缘科学、综合科学的不断涌现,知识陈旧周期的缩短,无不要求科技工作者具备良好的自学能力。为了培养学生的自学能力,教师们在课堂教学中贯彻少而精的原则,精讲启发,精选习题,留有余地。他们打破了课堂教学单纯由教师讲授的传统,在学生自学的基础上,积极组织一些课堂讨论、辩论、答疑和归纳教学。积极组织学生的课外自学小组,指导学生阅读参考书籍,查阅科技资料,并且针对学生的特点进行个别指导,将发展能力和因材施教结合起来。有些教师还对考试方法进行改革,如用完成"小论文"代替考试,这样不仅提高学生的自学能力,而且有助于培养学生的综合分析能力和写作能力。

具有发展能力型风格的教师也十分重视思维能力的培养。思维能力包括逻辑思维能力、直觉思维和形象思维能力。在自然科学中,人们主要运用逻辑思维和直觉思维。这里的逻辑思维能力,既包括科学抽象、推理论证的能力,也包括一些分析与判断的能力。这是自然科学工作者的基本能力。教师们将这种能力的培养渗透到教学的每一环节中去。特别在课堂教学中,教师的思维方式将对学生的思维方式产生深刻的影响。教师不能满足于单纯地传授知识,还要教科学的思维方法,教学习知识和思考问题的方法。通过课堂教学把某种科学的思维过程展现在学生的面前。要使学生不仅理解有声的语言和有形的符号,还要引导学生积极思考,捉摸逻辑思维的规律性,提高学生主动探索知识的能力。许多教师体会到,引导比传授更符合教育目的,探索知识比占有知识更有意义。

认识能力的培养是多方面的,不少教师在培养大学生的想象力、观察力、记忆力、理解力等方面都各有独到之处,形成了颇有特色的风格,但他们的着眼点,也都是放在分析问题和解决问题能力的培养上。

三、艺术型的风格

教育家加里宁曾说过:"教育是一种最艰巨的事业。优秀的教育家们认为,教育不仅是科学事业,而且是艺术事业。"捷克教育家夸美纽斯认为,教学是"把一切事物教给一切人的全部艺术"。教育的科学性和艺术性是一个广泛的课题,如果把它放在课堂教学中去考察,就会发现它既是一门科学,又是一门艺术。课堂教学的科学性,体现在教学内容的科学性、教学思维的逻辑性、遵循教学的基本规律来组织教学。具有艺术型风格的教师认为,科学性是课堂教学的基本要求,满足于此是远远不够的。进行教学需要艺术性。他们认为,艺术性体现在创造性地、具体地运用教学规律和教学原则,把一般规律和原则性变为教学技巧和具体的方法上,导演出生动活泼的教学局面,努力扩展课堂教学的效果。持这种风格的教师,讲究科学性和艺术性的有机结合,以启发式教学方法为指导思想,以教学规律作为教学技巧的依据。

教学实践表明,在备课过程中,教师对教学内容的匠心处理是十分重要的。难点、重点、关键处的安排,层次的处理,怎样由浅入深,如何由表及里,什么地方精雕细琢,哪些内容几言带过,何处采用从个别到一般、由事实到概念的归纳方法,那儿又进行由一般到个别、由一般原理到个别结论的演绎方法。凡此种种,都要经过深思熟虑。这种教学设计带有很高的艺术水平,是取得良好教学效果的必要准备。

一位优秀的教师在课堂教学中必然是启发式的。之所以这样说,是因为启发式并不是可供选择的一种教学方法,而是贯穿于教学过程中的指导思想。启发式的含义,一是要启发学生积极思考,二是要引导学生主动学习。然而,怎样进行启发式教学,就需要从学生的实际出发,创造性地运用教学方法了。为了激发学生的学习热情,许多教师采用提出问题、揭示矛盾、诱导思考、留有余地的方法。在高等教育中,处处讲得不厌其详、面面俱到的教学方法是应当力求避免的。对于基本概念、基本原理、基本的运算和实验方法,一般要讲清讲透,难点交代清楚,关键部分阐述有力。而对于拓广、引申、类推等问题,则应当适当留有余地,积极启发学生进行科学的思维,培养他们分析和解决问题的能力。在启发学生独立思考时,许多教师常采用类比、类推的教学方法。通过比较、分析、综合、判断和推理,达到举一反三、触类旁通、闻一知二、闻一知十的效果。

在课堂教学中,教师要把学生的未知转化为知,语言是主要的工具。诗人但丁曾经说过:"语言作为工具,对于我们之重要,正如骏马对于骑士的重要。最好的骏马适合于最好的骑士,最好的语言适合于最好的思想。"课堂教学的感染力如何,往往和教学语言有很大的关系。具有艺术型风格的教师,十分重视教学语言的科学性与艺术性,认为它是传授知识和培养能力的重要手段。教学语言首先是一种讲解式和论理式的语言,照本宣科或者含混矛盾的语言算不上是教学的语言。准确、精炼、富有逻辑性和启发性,是课堂教学语言科学性的表现;生动、形象、文雅、易懂,是课堂教学语言艺术性的表现。

在高等院校的课堂教学中,有些教师还精心安排在讲科学内容的同时,穿插着讲一点有关的科学史。既讲科学发现的成功,也讲科学研究的曲折与失败,以及介绍一些杰出科学家、发明家的献身精神以及对人类所作的贡献。既不喧宾夺主,又显得恰到好处;既不哗众取宠,又寓有科学和教育的意义。

自然,提高教师的专业水平是提高教学质量的必要条件。一名教师如果知十教一,他就有可能教得生动,学得深刻,在讲台上充分施展教学的艺术。一名教师如果知一教一,他必然感到被动、拘束,更难以进行启发式的教学了。因此,教学艺术是和教师的专业水平相联系的。然而,就像教师的专业水平不等于教师的教学质量一样,艺术性毕竟不等于科学性。教师的教学艺术,教师驾驭课堂教学的水平,是他们刻苦钻研业务和创造性运用教学方法的结果。

很多人都有这样的体会:某位老师的教学艺术,往往会给自己留下难以磨灭的印象。中学时代的两堂数学课,深刻地铭刻在陈景润的记忆中。著名化学家戴维,用他那通俗易懂、趣味盎然的科学演讲,深深地吸引着年轻的法拉第。皇家学院的几次讲座,竟成了法拉第一生的转折点。可见,教学艺术的魅力不可低估。

四、双边型的风格

教学活动是名副其实的教和学的双边活动。许多教师从教学相长的规律出发,创造性地开展这种双边活动,形成了一种生动活泼的教学风格。我国古代教育就曾精辟地阐述过教和学的辩证关系。教育名著《学记》称:"是故学然后知不足,教然后知困,知不足,然后能自反也;知困,然后能自强也。故曰:教学相长也。"《学记》还提出"学,学半"的分析,十分中肯。也就是说,在教学活动中,教师一半在教,一半在学,学生一半靠教,一半靠自己学。事实又何尝不是这样?科学史上培养了众多优秀科学人才的卢瑟福,就很懂得教学相长的道理。他培养过的研究生和助手中,先后有十二人获诺贝尔奖。他出色地指导和培育学生,又从助手和学生的实验发现和构思中,获得新的启发和知识,形成了一种朝气蓬勃的活跃学术气氛。教学相长,促进了良好教学风气和学术风气的形成,这在高等教育中,是特别值得珍惜的。

一位有教学经验的教师,在教学实践中会逐步形成对教和学的较为全面的认识。教和学是有一定矛盾的。然而,妥善地解决这种矛盾,促进矛盾的转化和统一,推动教学的发展,则是教师的职责。在教学活动中,教师的主导作用是毋庸置疑的。显而易见,在制定教学计划、教学大纲和教学程序中,在选择教学内容、教材和方法上,教师确实起着主导作用。一名教师运筹案头,施展于讲台,其主导性俨然可以和一位将军相比。但是,具有双边型教学风格的教师们认为,仅局限于上述主导作用是远远不够的。教师的积极主导作用,深刻地体现在调动学生学习的自觉性和积极性方面。这是因为,教学质量究竟怎么样,归根结底要由学生的学习状态和发展状态来衡量。而学生的主动性和积极性,对学习和发展有着决定性的影响。千辛万苦的教,不一定换来刻苦发奋地学。外因只有通过内因而起作用。因此,从教学过程的归宿来看,学生是认识的主体。当人们把教师主导、学生主体的教学活动设想为一幕历史剧的话,那么,是否可以这样说,教师导演,学生主演。一个高明的导演能够激发演员创造角色的热情,一名优秀的教师同样也能激发学生探索知识的热忱。

为了培养大学生勇于探索科学的精神,许多教师在加强理想教育的同时,还注重加强历史唯物主义的教育。鼓励学生破除迷信,解放思想,善于思索,勇于创新,为振兴中华而发奋学习。结合教学内容,使学生们认识到科学伟人的丰硕成果固然不凡,但每一位伟人艰苦卓绝的探索史,却是最富有启发性的。

鼓励学生独立思考,鼓励他们在科学上不仅于可疑处有疑,而且于不疑处有疑。对一名大学生来说,独立思考主要体现在敢于在唯物主义的基础上,对知识或者名家进行怀疑。"疑"的特点就是不承认绝对的认识,不承认绝对的权威,不受传统观念的禁锢,保持着创造和创新的活力。许多教师十分重视设疑、答疑和质疑这些教学环节,鼓励学生提出问题,回答问题,欢迎学术辩论,赞赏打破砂锅问到底的治学精神。作为教师,绝对不可挫伤学生主动学习的积极性,应当身为表率,树立起科学民主、平等讨论的良好风尚。

教学相长正是在师生双方的积极主动性中展开的。对教师来说,教育的一种失败往往是粗暴地打击了学生冥思苦想的求学精神,从而扼杀了他们值得珍惜的探索欲望。

从学生的实际出发进行教学,是双边型风格教师的共同特点。教师对学生德、智、体诸方面的状况了如指掌,在教学中出色地贯彻因材施教的原则,教学的针对性很强,他们热情地关心学习困难的同学,帮助同学树立起学习的信心,细致地指导学生学习的方法。创造性地把启发式教学运用到后进学生的身上,用"一个个引着走"的方法取代"抱着走"的方法,效果显著。对于拔尖和成绩优秀的学生,加强课外指导,解决这类学生通常"吃不饱"的问题。通过组织讨论班,指导选修和从事一定科学研究等方法,使先进学生更上一层楼。他们善于发挥优秀学生在班级中的领先作用,以点带面,你追我赶,把主动学习的面逐一扩展。他们在教学过程中认真贯彻少而精的教学原则,切实减轻学生负担,使学生有时间独立思考,有精力深入地分析一些问题和解决一些问题。教和学双方主观能动性的体现,正是双边型教学风格的一大异彩。

五、严格"三基"的风格

"三基"指的是基本知识、基本理论和基本技能。严格"三基"风格的教师认为,自然科学是研究自然界各种物质和现象的科学,基本概念、定理、定律、原理等知识和理论,正是反映了自然界物质和现象的本质联系。基本技能是建筑在基本知识和基本理论上的,但它又为获取新知识创造条件。因此,一个大学生要发展成为优秀的科学技术人才,必须要有十分扎实的基础,必须经过严格的"三基"训练,必须具备系统的和循序渐进学来的科学基础知识。

具有这种风格的教师,也重视大学生自学能力和认识能力的培养,对基本技能的认识并不局限于各种就业能力或者一般的技术、技巧,还应当拓广到学习能力和认识能力。发展学生的能力,必然促进教学质量的提高。然而，在怎样培养大学生能力的问题上，他们更强调能力对知识的依赖性，主张在传授知识中培养能力，认为脱离了知识的能力是不存在的。他们体会到，在传授知识的过程中确实能够培养能力，关键问题是如何传授，是启发式还是注入式？满堂灌的注入式，达不到培养能力的效果。由于提倡把培养能力归纳到传授知识之中，有些教师甚至认为，在教学中应始终把传授知识放在首位。

遵循学科的科学系统性、逻辑性和严密性，是持这种风格教师的显著特点。为了把系统的知识传授给学生，他们既重视学科知识的完整性，又注重传授知识的阶段性，前后连贯，温故知新，突出重点。对"三基"内容进行精讲多练，并通过多种教学手段来加强学生对知识的巩固。他们以身作则，用严谨的科学态度来培养学生的科学严密性。在教学中，他们遵守循序渐进的教学原则，由浅入深，由易到难，由简到繁，由具体到抽象，或者进行反向演绎，有条不紊，泾渭分明。他们语言简洁，逻辑性强，板书工整，文字确切。他们严谨的科学表率，熏陶着学生严谨周密的学风。具有严格"三基"型风格的教师，自然对学生的"三基"有严格的要求。"严"，是这种风格的特色。许多严师认为，高楼万丈，最紧要的是有牢固的基础；科学的金字塔，是建立在宽厚的基地上的。他们感到有些学生在某种问题面前束手无策，往往是由于基本功不过硬，对基本内容没有学透的缘故。他们通过答疑、质疑、改作业、批试卷等各种教学环节，发现问题，强化措施，对"三基"进行千锤百炼。学生模棱两可、含糊不清的回答，通不过教师的关口；作业本上一丁点儿的符号差误，不可能从老师的红笔下漏掉；教师在批考卷时执法如山，一分的情面也不给。对后进学生的进步，他们热情鼓励；对拔尖学生的成绩，他们并不喜形于色，而是提出更高的要求。对于学生的一些不合理的要求，他们从未有迁就的表示。

他们把对学生的爱，与对社会主义教育事业的爱一致起来。他们的严格要求，暗含着殷切的期望。

六、教育目的的一致性

以上概括的四种教学风格，在内容上往往是相互渗透、交叉和互补的。但它们各有所长，各有侧重，因而各具特色。然而，就教育目的而言，它们却是一致的。那就是坚持正确的政治方向，培养德、智、体全面发展的社会主义建设者和接班人。教学永远具有教育性。教书育人，历来如此。很多有见识的教师，从思想教育和知识教育统一规律出发，寓思想教育于科学知识教育之中。他们在知识教学中不是自发地而是自觉地贯穿社会主义的思想品德教育，经常注意自然科学中的真、善、美问题；在课堂教学和课外指导中，认真地讲解辩证唯物主义和历史唯物主义的基本观点，积极地宣传国内外一些优秀科学家献身于科学的精神和实事求是的科学态度。他们带着感情进行教学，把对学生的爱护和关怀既作为教师应有的道德品质，又作为一种教育手段和教育力量。关心大学生德智体的和谐和全面发展，激励一些缺乏理想和抱负的大学生树立起高尚的情操和志向。他们言传身教，谆谆教诲，启发学生们懂得：科技人才既有智能结构问题，又有道德品行问题。博学多才固然是创造性成就的基础，但科学家的献身精神，科学家的伦理道德、气质素养，都会对科学成果的取得，科学的社会价值产生深刻的影响。搞科研、做学问，要有超乎寻常的献身精神，而忘我的献身精神来自于那些有高尚目标的人。大凡一位伟大的科学家都有不凡的气质和气度，不仅有科学知识，还具备较高的道德修养和文化素养。

教师们在教学实践中抛弃了单纯的智育观点，教书又教人的结果，不仅造就了良好的班级风尚，自觉发奋学习的要求，而且在诸如世界观、人生观、科学为谁服务、坚持真理还是坚持谬误、实事求是还是弄虚作假这些基本问题上，影响深远。

大学教学方法述评*

教学方法是教学原则的具体运用,它的发展总趋势是现代化、科学化和多样化。由于教学方法是教和学的双边活动,它对教学过程的方向性乃至对教育目的都会产生深刻的影响。教学方法的一般理论和认识论、逻辑学、心理学、生理学以及学科方法论密切相关。常见的教学法有讲授法、示范法、谈话法、发现法、问题法等,我在教学实践中体会到,大学的基本教学方法有讲授教学法、自学教学法、问题教学法和实验教学法,其他教学法大体上是它们的综合、交叉和发展。

一、讲授教学法

古往今来,讲授法领衔于课堂,虽屡受非议却经久不衰。究其原因,教育家莫罗的一句话可作回答:讲授法"是考虑到教材特点的传授知识的最有效和最经济的方法"。

课堂教学既是一门科学,又是一门艺术,其科学性和艺术性充分体现在讲授教学法中。教学的魅力往往会影响一个人一生的发展。著名化学家戴维以其通俗易懂、趣味盎然的科学演讲,深深地吸引了年轻的法拉第,皇家科学院的几次讲座竟成了法拉第一生的转折点;中学时代的两堂数学课,深深地铭刻在陈景润的记忆中,启示他后来为摘取数学皇冠上的耀眼明珠而顽强拼搏。诚然,提高教师的业务水平是提高其讲授质量的必要条件。但是,正如教师的业务水平不等于教师的教学质量一样,讲授的科学性毕竟不等于讲授的艺术性。同样,讲授式更不等于注入式。注入式教学是一种陈

---

* 原文发表于《上海大学学报》(高教科学管理版),1997(2):42-44.

腐的教学思想,是启发式教学的对立面。提倡启发式讲授教学法,摒弃注入式讲授教学法。我也曾听到这样的评论:讲授法就是"满堂灌"。其实不然。"满堂灌"应归结为注入式教学的框架,教师不留余地地"灌",甚至照本宣科,学生处于认识的被动地位,注意力、参与意识和感知活动受到抑制,思维能力的培养受到损害。启发式讲授的核心是在传授知识的同时注重智能的培养,注重激发学生求知的欲望。

目前在大学的教学过程中,主要运用讲授教学法。因此,在教学实践的基础上,概括一下使用讲授法的关键,是有意义的。

1. 讲授设计问题。这也是一个对教学内容的匠心处理问题,苏霍姆林斯基认为,教师的备课是教学过程中最重要的组成部分,是为教师顺利完成一节课教学和教育任务而奠定基础的必要阶段。教师在研究教学大纲、教材内容并选定教学方法的基础上,对教学内容进行处理。难点、重点、关键处的安排,层次的处理,怎样由浅入深,如何由表及里,什么地方精雕细刻,哪些内容留有余地,何处采用从个别到一般、由事实到概念的归纳方法,凡此种种,都要事先精微地设计。

2. 认识能力的培养问题。认识能力即通常讲的智力,包括观察力、记忆力、想象力和思维能力等。大学教学改革的方向之一,就是要把传授知识和培养能力统一起来,并且要逐步把教学重心转移到能力的培养上,讲授(包括演示讲授)在培养认识上是可以大有作为的。为了培养学生的认识能力和自学能力等,课堂讲授应当贯彻少而精的原则,提倡精讲,留有余地,滴水不漏地讲不见得就是天衣无缝的,因为丧失的往往是学生自主思维,独立探索的良机。一名优秀的教师必然是积极引导学生去进行科学思维,举一反三,闻一知十的。

教师在讲授中似乎应当把发展学生的思维能力作为重点。思维能力包括逻辑思维能力、形象思维能力和直觉思维能力,这是智力的核心。教师在讲授中的思维方法将对学生的思维方法产生深刻的影响。教师不能满足于单纯地传授知识,而应教授科学的思维方法,通过讲授,向学生展示某种科学的思维过程。

3. 教学语言问题。在讲授教学法中,语言是主要的工具。诗人但丁曾说过:"语言作为工具,对于我们之重要,正如骏马对骑士的重要。最好的骏马适合最好的骑士,最好的语言适合最好的思想。"教师们十分重视教学语言的科学性和艺术性。准确、精练、富有逻辑性和启发性,是教学语言科学性的表现;生动、形象、文雅、易懂,是教学语言艺术性的表现。

4. 激发学生的求知欲问题。讲授教学法充分体现了教师的主导作用,但主导作用还深刻地体现在调动学生学习的积极性和激发求知欲等方面。在课堂教学中,教师要善于发掘学科理论的魅力,激发学生的热情和求知欲,在讲授教学内容的同时,适当地讲一点有关的科学史,特别是介绍一些杰出科学家、发明家的献身精神以及为人类所作的贡献,以此激励学生的顽强进取精神和毅力,培养学生于不疑处有疑,保持着高昂的探究情绪。

5. 有关讲授法的利弊问题。讲授法的优点在于它能充分发挥教师的主导作用,系统地传授知识,培养认识能力,进行思想教育,能够在较短时间内集中、有效、经济地阐述教材内容,对自制能力较强的高年级、高层次学生效果更好。讲授法的弊病是其单向传递信息,教师主宰课堂,学生难以参与教学活动,在激励学生自主学习和能力培养方面受到限制。人们在教学实践中认识到,要改革单一的讲授教学方法,提倡教学方法的多样化,就必须实现讲授法与其他教学方法的渗透、交叉与复合。

二、自学教学法

自学教学法是传统上读书指导法的推广。自学能力包括阅读、钻研、练习、做笔记和整理资料等一系列能力,它是一种多层次的综合能力。自学能力的重要性已在教育界成为共识,因为,它是一种终身受益的能力。科学技术的日新月异,学科综合性、边缘性和复合性的强化,经济和社会的发展对人的知识结构增强适应性调节,无不要求在学校教学中加强对学生自学能力的培养。一些高科技人才和创造奇迹的能工巧匠,往往都是依靠基本知识、基本技能和自学能力。我认为自学能力要从小培养,特别在大学阶段,要将其作为学生的一种基本能力来认真对待。学生毕业后参加未来社会生活或继续深造,其自学能力将发挥重要作用。

自学需要知识基础,但不能等到"打好"基础再来培养自学能力。教学方法的分量在于既含教的方法又含学的方法,学生学习主要靠自己学。自学需要教师指导,但教是为了不教,引导比传授更符合教育的目的。实践表明,正是通过教师指导,通过自学形式,大学优秀生的培养才能取得长足的进展。对于普通学生,教师除了要精讲和精选习题以外,还要激励学生的自学信心,指导学习方法,因材施教地安排自学的要求,选择适当的方法进行自学效果的测试检查,如此等等,不一而足。

自学教学法和讲授教学法、问题教学法、讨论教学法等交替使用,往往能收到较好的教学效果。自学教学具有两方面的优势:一是在较大的程度上体现了自主学习的特点,二是对增强智力和学习能力有较好的效果。当然,自学教学法也有其弊端,不同学生的效果差别甚大。此外,接受知识的效率不高,学生付出的艰辛和时耗较多,自学教学法颇像中医疗法,虽收效不快但有强身养气之功,贵在坚持,终身受益。

三、问题教学法

1900年8月,第二届国际数学家代表大会在巴黎举行。数学大师希尔伯特在其著名的"数学问题"的报告中,提出并讨论了23个尚未解决的问题。这堂跨世纪的问题教学法课,对世界数学发展产生了深远的影响。无论哪位数学家解决了其中一个问题,都将获得殊荣。现在有的问题已圆满解决,有的尚存疑难。著名的哥德巴赫猜想,虽经陈景润力攻取得重要进展,但仍属未解决的问题之一。问题教学法在通常的教学中,也能收到意想不到的效果。一堂平平常常的讲授课,教师翻来覆去地讲,学生表情淡然。如果老师抓住机会,向学生提出一个充满启发性和探索性的问题,要求学生思考回答。于是,思维的闸门一下子被撞开,学生们群情高涨,讨论,发言,辩论,一直延伸到课后。

问题教学法是在课堂或其他教学环节中、通过建立问题情境来调动学生的积极性和主动性,是发展思考力和创造力的重要教学方法。问题在科学发展史上占有特殊的位置,它对学科发展有强烈的启示和刺激作用。在问题教学中,问题的提出和提法都很重要,高明的教师会用充足的时间去设计问题和解释问题,有效地激发学生满怀求知欲,主动探索,积极思维。当然,设计的问题不能超越学生的实际基础。有些问题是教师自问自答,此时,问题的完美解释将使接下去的论证和验证显得分外自然。问题教学法具有多样化模式,有问题式讲授、问题式学习、问题式讲授和独立作业相结合等。这实际上是问题教学法和讲授、实验、讨论、练习、自学等其他教学法综合运用的结果。由布鲁纳倡导的发现法,本质上也是问题教学法的拓广,但发现法内容更为丰富,理论更为系统。一般情况下,问题教学法的结束都有一个总结性安排,或由教师总结,或由学生提供作业性小结。教师总结应有明确的答案和科学思维的表述,同时,对学生的大胆探索和独到见解要热忱肯定,要赞赏打破砂锅问到底的治学精神。有的学生思维方式往往令人感到怪异,教师不应淡漠相待,首先要重视这种智力的独立性,看看它是否真有道理,然后再加以引导。教学的一种失败就是粗暴地打击了学生的探究精神,从而扼杀了他们值得珍惜的创造欲望。

问题教学法以调动学生主动积极性和培养研究创造能力见长。创造性并非高不可攀,其核心是创造性思维。创造性思维是扩散性思维与集中性思维相结合的产物。在高等教育中,创造的意思主要是广义的,具有社会意义和科学价值的发明和发现固然是创造,但对个人而言,获得前所未有的认识和活动产物也可称之为创造。

四、实践教学法

美籍华裔物理学家丁肇中教授在荣获诺贝尔奖的授奖仪式上说:"事实上,自然科学理论不能离开实验的基础,特别是物理学更是从实验中产生的。我希望由于我这次得奖,能够唤起发展中国家的学生们的兴趣,而注意实验工作的重要性。"实验工作的重要性是毋庸置疑的,但不少大学生对实验教学仍然兴趣不高,这除了陈腐观念的沿袭外,恐怕和实验教学法的使用和改革有关。强化实验和实践教学是大学教改的重点,其意义深远,不可等闲视之。

实验教学是学生在教师指导下、利用一定的仪器设备、从观察事物及现象的变化中获取直接知识和培养实验能力的方法。同时在教学过程中可以端正科学态度、严肃学习风气、培养探索精神。大学的实验可分为演示性实验、验证性实验和设计性实验三类。演示实验不必单独设课,演示和讲授融为一体,其改革方向是引进现代化的多媒体教学,充分利用录像、电视、电影等教学手段,显示细微变化,使全班学生都能清晰感知,节约时间,事半功倍。在单独设课的实验项目中,验证实验要把训练基本实验技能放在重要位置,因为基本操作训练是实验课的灵魂。单纯以验证理论为目的的实验应当拓广其内涵;还可以安排一类实验项目专门训练基本操作和基本技能,以提高规范性和正确性。示范表演最好用摄制的基本操作录像教材,既一目了然,又便于重复使用。有时验证实验会显得枯燥单调,既然结论已知,实验方法也规定得巨细无遗,所以学生感到缺乏探索和回味乐趣。不妨在实验指导上留有余地,让学生揣摩、琢磨一番,可能会有较好的效果。

　　本文讨论和述评了大学的四种基本教学法。通过对上述教学法的拓广、延伸、简化和复合,大体上可以覆盖为数众多的其他教学方法。这四种教学法也是目前大学教学过程中常用的主要教学方法,关键问题是要创造性地综合运用,并在深化改革中赋予新的内容。教学方法的多样化和科学化趋势提醒我们:方法虽多,但要灵活运用;一切从实际出发,遵循教学规律和教学原则,方能优选适当的方法,取得良好的教学效果。

通才　专才　人才[*]

现代科学体系是一个多学科、多层次和高度综合的空间网络。为了适应科学技术发展的特点,不少人提出了通才教育、通才取胜和专才无所作为等一系列论点。尽管大家对现代科技人才智能结构的看法较为一致,然而,上述论点的提法却是值得商榷的。首先,人们要问,通才和专才的含义是什么?其次,专和博有何联系?然后,哪一种提法更有利于人才的培养?这些也是值得探讨的问题。我们认为,对通才和专才的提法,需要进行历史的考察。就现代优秀的科技人才的智能结构以及现代通才、专才的含义而论,这两个概念是相互接近、相互补充、相互渗透的。通才、专才这两项桂冠,往往可以戴在同一位科学家的头上。如果就人才的广泛意义而论,通才和专才都是社会需要的人才。因此,通才取胜或者专才无所作为的说法是不够妥当的。本文不作详尽的论述,只提出一些粗浅的看法。

古往今来,常有全才、通才、专才的说法。全才的提法不够科学,人有所长而必有所短,绝对的全才恐怕还未曾问世过。因此,那种把通才等同于全才的说法是不足取的。由于古代科学体系分门别类较少和较粗,因此杰出的人才大多是通才。古代通才大体是跨领域甚至是跨学类的,哲学家兼自然科学家的不乏其人。在历史上或者在传统上,通才的含义是在多个领域或者在不同学类中,均有很深造诣的创见者。亚里士多德、阿基米德、沈括、达·芬奇、伽利略、牛顿、罗蒙诺索夫等都是通才的典范。论知识的渊博而言,这些人是百科全书式的,论创造的广度绝非一点一线,而是平面式和立体式的。诗人普希金曾经作过恰当的评价:"罗蒙诺索夫是一个伟大的人。他建立了俄国第一所大学,说得更确切些,他本人就是我们的一所大学。"把

---

[*] 原文发表于上海科学技术大学《教学研究》,1981(01):34-36.

一个通才比喻成一所综合大学,这对通才的传统概念是一个形象化的说明。

由于学科向纵深发展而出现的分化和深化,也由于人的精力和经历的限制,在近代科学史上,专攻一个方向,在一个领域或者一种专业中成绩卓著的专才、专家不断涌现。单在 1900 到 1930 年这一物理学的黄金年代期间,作出重大贡献的物理学家就为数甚多。例如,爱因斯坦、普朗克、卢瑟福、玻尔、海森堡、薛定谔、玻恩等。他们是专攻物理的专才,然而,他们的专是建筑在博学多才的基础上的。把一个专才理解为仅精通一门学科或者单熟悉一种专业是不够全面的。事实上,孤守一门学科是难有重大建树的。博大方能精深,无渊博则无深专。所以,专不等于窄,狭隘成不了专才。专和博不仅是不能截然分开的,并且专往往是博的集中表现。试想,一个人如果没有主攻方向,没有独到之处,尽管涉猎的面很广,但一知半解、造诣平凡,这样的人是成不了才的。因此,无专长则不见博学,这句话是讲得过去的。当然在具有专长特艺的专才中,有的知识面宽广一些,有的知识面狭窄一点;有的多种能力兼优,有的某种能力突出。另外,社会的需求是多样化的,专才并非一种模式,能工巧匠也可属于专才的行列。因此,专才也具有一定的普遍性。

然而,通才和专才的含义是随着科学技术的发展而发展的。现代科学的特点之一,是学科的分门别类迅速增多,估计有两千多门学科。因此,没有致力的领域或方向,汪洋泛舟,可能抵达不了科学的彼岸。在现代,要在多个领域甚至在不同学科门类中均有建树是极其难得的,综合大学式的通才是罕见之才。现代通才的一个特征是具有专攻方向,专攻领域或者专攻专业。事实上,在近代,不偏守一隅,能在多门学科中博学多才,在某个方向有所造就的,就可算作通才了。按此标准,几乎有大成就的专门家都是通才,爱因斯坦则是兼为专才和通才的典范。现代通才的另一特征自然是博,然而博是相对的。近代学科繁多,令人眼花缭乱。能在人文科学和自然科学中博学固然是博大,在自然科学的多个领域中渊博已是人才难得了。而在一个领域、一种专业中广博多才者,也不能不算是通才。这是因为,现代科学一个领域、一个专业所包含的学科数,几乎可以和古代学类的学科数相比拟。有人把现代通才归结为博才,这基本上是正确的。现代通才实际上是现代科学技术要求下的一种人才类型,它是具有显著时代特征的。而通才教育就是在专攻方向下,强调基础的博学结构,强调综合能力和适应能力的培养。

现代科学的另一特点,是学科之间、领域之间乃至学类之间,相互交叉、渗透、组合、综合和一体化。边缘科学、综合科学、元科学层出不穷,构成了现代科学错综复杂的结构体系。为了适应这一日益发展的特点,人们在检查教育途径中发现,那种片面追求纵向深入的钻井式育才方法是有严重缺陷的。其实,钻井式育才方法即使对于培养专才来说,同样也是有严重缺陷的。正如前面所说,博大方能精深,无渊博则无深专。人们在寻找水源时,自然觉得钻井比挖井好;但就培养科学技术人才而言,事实证明挖井式比钻井式更有优势。另外,专的概念也在改变。过去是一门比较独立的学科,今天可能和很多领域有着千丝万缕的联系。这样,专的范畴就随之扩大了。所以,在培养人才中,专业设置过于狭窄是不利的。科学技术发展到今天,专才的含义也在发展。一个专才自然有他的专攻方向,专攻领域和致力的专业,然而,专业过偏和过窄都是有弊端的。为了适应科学的交叉、渗透和综合,他必须进一步强调基础的博学结构,增强综合能力和适应能力。这样一来,从现代通才和现代专才的智能结构以及它们的时代特征来说,这两个概念并没有本质的对立,它们是相对而论,相互沟通,相互补充,并且是不一定能一刀切断的。它们构成了现代科技人才的特征,是传统的通才和专才概念的发展。

因此,现代科技人才的教育在智育上应当是一种综合教育。在高等院校中,专业的设置仍然是必要的,但专业的面可以适当宽一点;专门化的设置是否必要是一个值得讨论的问题。一般说来,在四年制大学里,兼顾综合教育和专门化训练是困难的。在基础课、专业课和选修课的设置中,开拓知识面,增强基本能力的培养,注意本专业学科与有关的边缘科学、综合科学和元科学的联系,安排跨专业、跨系的选修,如此等等,都是值得重视的方面。目前,我国高等院校理工科的课程设置偏于保守和单一化。学科之间缺少交叉,综合科学课程比较少见,对一些元科学也重视不够。当务之急是教育界和出版界共同努力,编写出具有现代科学特征而又适用于我国教学现状的新教材,改变教材内容陈旧和狭窄的局面。这虽然是老生常谈,然而却是非谈不可之事。据有关资料,美国加利福尼亚大学伯克利分校,四年制学生主修一个领域,还要辅修一个领域。在数学课中有诸如《应用数学分析》《数值分析》等这些比较综合性的课程,在研究生中还开设《数学基础》这类元数学。不少课程从知识的广度和学科的综合交叉来说,确实有现代综合教育的特色。

综合教育之所以越来越受大家重视,一是因为近代科学技术发展的多学科性和学科的综合性,二是由于对科学技术人才智能结构的研究所受到的启发。历史上作出杰出科学贡献的人,不一定都受过学校的综合教育。但他们在自学和科学实践中,不断进行自我调节,丰富才学成分,在社会智力场中逐步综合成为博学多才的智能结构。从16世纪以来,世界上成就卓著的科学家在1 300名左右,他们中大多数是博学多才型的。美国对1 311名古今科学家和发明家的分析,也证明了博学多才的可贵。在科学综合化和社会化高度发展的今天,一些国家甚至把综合教育列为一项重要的政策,就不足为奇了。

在我国,综合教育应当不限于智能的博采广集,也不能满足于文理并茂,综合教育要发展成为德、智、体全面发展的人才教育。如果说通才教育有一点是必须相通的话,那么首先就是德育。提倡培养又红又专的科学技术人才,在当前更具有现实意义和深远意义。博学多才固然是创造性成就的基础,而科学的献身精神,科学家的伦理道德、气质素养,却对科学成果的取得、科学产生的社会价值有着深刻的影响。一个科技人才既有智能结构,又有道德品质。在科学研究中,存在着真、善、美的问题。其中的善就是符合客观规律、符合人民利益的活动和行为。一名科技工作者,必然存在着科学技术和道德意识、道德行为的关系问题。搞科研,做学问,要有非同寻常的献身精神。然而,献身精神是和世界观相联系的。为人类谋幸福还是为个人谋名利,不同的世界观有着不同的道德判断。忘我的献身精神来自那些有伟大目标的人。还有,科学为谁服务?坚持真理还是坚持谬误?实事求是还是弄虚作假?爱才还是嫉才?诸如此类,都存在道德观念问题。很多科学家都有不凡的气质和风度,这说明他们除了科学知识以外,还具有较高的道德修养和文化素养。

爱因斯坦是一个开创了物理学新纪元的人,同时也树立了同时代科学家高尚情操的典范。他有着强烈的正义感和社会责任感。他为了反对专制、黑暗和侵略战争,争取民主、进步和世界和平,爱因斯坦进行了勇敢的斗争。他的正义感和责任感贯穿了他的科学生涯,使他成为一位深受人民纪念的伟大科学家。爱因斯坦经常拒绝记者、作家的采访,也不愿名画家为他画像。有一次，一位画家要求他坐下来为他画像，爱因斯坦照例拒绝："不，不，不，我没有时间。"画家为难了，只好坦率承认，他需要钱，要靠卖掉这幅画来换钱。爱因斯坦一听立即同意画像，并且说："那可是另一回事了。"爱因斯坦尽管名声很大，但他一直像普通人一样生活，不计权势，不爱钱财，生活俭朴，平等待人。他和玻尔的学术争论持续了 30 年之久，但是这两个 20 世纪物理学天才代表的友谊却与日俱增。爱因斯坦和他的理论一样是属于未来的，对他而言生和死的区别，仅仅在于能不能继续为人类创造。历史上和现实生活中具有优秀品德的科学家，又何止爱因斯坦一个！研究他们的道德品质，应当成为全民教育的一大课题。

在我国高等教育中，培养新一代科技人才具有共产主义世界观的道德品质，是进行德育的方向。为此，需要加强科学伦理学和科学美学的研究，加强道德教育和美学教育，拓广综合教育的范畴，丰富综合教育的内容，为新一代德才兼备的科技人才的崛起而努力工作。

数学史拾穗

一、丰碑

在伦敦郊区的海格特公墓里,全世界无产者为自己的导师建造了一个高大的墓碑。墓碑台座用花岗石砌成,碑脚上矗立着马克思的半身青铜雕像,碑的正面上方刻着"全世界无产者,联合起来"的伟大名言,下方刻着"哲学家们只是用不同的方式解释世界,而问题在于改变世界"的不朽格言。马克思的纪念碑,宏伟、坚固、光芒四射,它展示了这位无产阶级革命"第一小提琴手"的伟大风采。

阿瑟·杰弗说:"数学是整理出宇宙秩序的科学。"在数学史上,伟大的数学家们也用他们精湛的创造竖起了丰碑。人们惊讶地发现,一些数学伟人的墓碑都带有浓厚的专业色彩:数和形以及顽强探索的信念。这些纪念碑生动,精致和深邃如海,它们记载了数学史上光彩夺目的篇章。

1855 年,举世闻名的"数学王子"高斯逝世。遵照高斯临终时的遗愿,人们在德国哥廷根为他竖起了刻着正十七边形的墓碑。只用圆规和直尺,作圆内接正十七边形,这在历史上曾是一道世界难题。高斯 17 岁发现了数论中的二次互反律;19 岁,他又一举攻克了"正十七边形"问题。从此,高斯走上了献身数学的漫长道路。他在代数、数论、复变函数论、统计数学、椭圆函数论、非欧几何、微分几何等方面均有非凡建树,为数学作出了冠绝古今的贡献。高斯的墓碑,是一个纪念起步的碑,洋溢着对年轻时代风华正茂的眷念之情。在数学史上,拥有几何形状墓碑的也不乏其人。公元前 212 年,古希腊大数学家阿基米德被侵略者杀害后,叙拉古人为他建立了一个圆锥体的墓碑,碑顶上雕刻

---

* 原文发表于上海科学技术大学《高教研究》,1988(2):23-26.

着一个球体。这个墓碑,展示了阿基米德在计算球体、圆柱体、圆锥体以及其他一些立方体的体积和表面积中所作出的杰出贡献。当然,这些贡献不过是阿基米德一生出色工作的一部分而已。德国数学家卢道尔夫却有一个数字碑。他的墓碑上刻着:π=3.14159265358979323846264338327950288。这不仅记载了这位数学家在圆周率计算上取得的成就,也记录了中外数学家在这方面共同开掘的历史长河。这条河源远流长,人们可以一直追溯到公元前的古希腊以及我国的汉代和南北朝。我国古代数学大师祖冲之得的圆周率精度,要比欧洲领先一千年。如果说卢道尔夫的墓碑符号让那些非数学工作者感到冗长枯燥的话,那么,古希腊数学家丢番图的碑文就有智力竞赛的魅力了。他的碑文上写道:"丢番图长眠于此,倘若你懂得碑文的奥秘,它会告诉你丢番图的寿命。"一位聪明的初中生很快就能得出丢番图的寿命为84岁。

在数学史上,用丢番图命名的丢番图方程是研究方程的整数解的。这种方程的可解性判别,在数坛上遐迩闻名。例如,对于丢番图方程 $x^n + y^n = z^n$,费马于300年前曾提出他的著名猜想:当 $n > 2$ 时,此方程不存在正整数解。据说,费马有个奇怪的习惯,经常不把他的证明写下来。以致他的继承者,如第一流数学家欧拉,不得不把他的工作重新做过。尽管费马在笔记本中声称对上述猜想找到了奇妙的证法,只是因为纸的篇幅不够而未能写下。然而,300年来,多少数学家为此绞尽脑汁,概莫能证,进展甚微。直到1983年,德国数学家法尔廷格斯由于攻克了另一世界难题"莫德尔猜想",而使费马猜想的证明取得了重大的进展[1]。

二、伟大的学者和教师

古往今来,能够称得上伟大的学者和教师的为数不多,而德国数学家希尔伯特(1862—1943)却是当之无愧的。希尔伯特是最具有影响力的数学家之一。1900年8月,第二届国际数学家代表大会在巴黎举行。一天上午,一位中等身材的人登上讲台。他带着波罗的海土音,虽然外表朴素无华,但他那刚强的品格和卓越的才智所酿成的气氛,却吸引着每一位听众的心。希

---

[1] 据报道,安德鲁韦尔斯已于20世纪90年代彻底解决了费马定理的全面证明。

尔伯特在著名的"数学问题"的演讲中，提出并讨论了 23 个未解决的问题。这些问题对 20 世纪数学的发展，产生了深刻影响。可以说，无论哪位数学家解决其中一个问题，都能在数学界得到特殊的荣誉。现在，有的问题已经圆满解决，有的虽取得进展但仍存疑难。如在第八问题中的一般情况下的 Riemann 猜想和 Goldbach 猜想，均未解决。当然，20 世纪数学的蓬勃发展，远远超出了希尔伯特预见的范围，这是任何一个科学家由于局限性难以窥测的。

按照时间顺序，大体上希尔伯特曾在五大领域中勤奋耕耘，成就辉煌。那就是：不变式论；代数数域理论；基础论，其中包括几何基础和一般基础理论；积分方程；物理学。当时的《自然》杂志曾这样盛赞希尔伯特：今天世界上难得有一位数学家的工作不是从某种途径导源于希尔伯特的工作的。他像是数学世界的亚历山大，在整个数学版图上，留下了他那显赫的名字。那里有希尔伯特空间、希尔伯特不等式、希尔伯特变换、希尔伯特不变积分、希尔伯特不可约性定理、希尔伯特基定理、希尔伯特公理、希尔伯特子群、希尔伯特类域。

1895 年，在克莱因的提议下，希尔伯特被授予德国哥廷根大学正教授的职位。从此时直到终年，他始终在哥廷根执教和生活。以他和克莱因为首的哥廷根数学学派所在地，成了当时全世界数学家的"朝圣地"。哥廷根曾是高斯、黎曼的工作之地，具有优良的数学传统。希尔伯特充满着生活的热情，他谋求同其他人交往，尤其同年轻科学家来往，并且在交流思想中感到莫大的兴奋。他会在环绕哥廷根的丛林中作长时间漫步或在有顶花园中走来走去时，把科学的思维方法传给身边的学生。他对科学崇高价值的不可动摇的信念以及对于简洁明了和纯真性的理性追求，对身边的人具有巨大的感染力。哥廷根有一个令人羡慕的研究圈子。这里有克莱因、希尔伯特、闵可夫斯基、柯朗、诺德、龙格、玻恩、玻尔、朗道等，他们分别是希尔伯特的同事、助手和学生。其中，希尔伯特和闵可夫斯基的友谊最为深厚。希尔伯特不能容忍数学课只是填鸭式地向学生灌输各种事实而不去教会他们怎样提出问题和解决问题，他向学生强调："问题的完美提法意味着问题已经解决了一半。"他上课时会用充分的时间去解释一个问题，这使得接下去的证明显得非常自然。在哥廷根，一般人都承认没有一个教师能赶得上希尔伯特，听他的课，会让人感到数学是"活"的。他的目标是要把学生们卷进科学发展的进程,详细阐明困难所在,"为解决问题搭一座桥"。作为大数学家,他一面从事非常高深的理论研究,一边主持着扣人心弦的讨论班。同时,他还坚持为大学一年级学生讲授微积分,仍然保持着教这类课所表现的高超技巧。

希尔伯特坚持,哥廷根数学俱乐部每周一次的讲演必须高度简要清晰。"只要蛋糕里的葡萄干!"这是他向讲演者提出的要求。希尔伯特对不符合他要求的讲演者十分苛刻,以致一些有名的数学家都怕去哥廷根发表演说。尽管如此,"打起你的背包,到哥廷根去",这仍是20世纪初世界各国数学专业学生的向往。

三、集博学多才和远见卓识于一身的伟人

冯·诺伊曼,1903年生于匈牙利布达佩斯,1957年离开人世,他是20世纪最伟大的数学家之一。

少年时代的冯·诺伊曼就是一位才华出众的学生了。他当时的老师认为,按照传统的方法教授冯·诺伊曼学习中学课程意义不大,他们建议冯·诺伊曼接受单独的数学训练。在家庭教师的教育下,冯·诺伊曼10岁进入大学预科学校学习;18岁通过mature考试,并发表了第一篇论文;20岁在瑞士的苏黎世获得化工方面的大学学士学位,同时又在匈牙利的布达佩斯获得数学博士学位;24岁当上柏林大学讲师;27岁在美国普林斯顿大学任客座教授。他一生曾六次在美国获得大奖,其中有Bocher奖、总统奖、爱因斯坦奖和费米奖等。他不仅是一位出类拔萃的学者,同时也是一位杰出的科学活动家和组织者。他担任顾问及其他职位不胜枚举,如美国导弹顾问委员会主席和美国数学会主席等显要位置。

冯·诺伊曼是20世纪数学世界的亚历山大,在这一世界的广大领域中,留下了他深刻的痕迹。他在纯粹数学和应用数学方面广种丰收,在集合论、代数、实变函数论、测度论、拓扑学、连续群、算子理论、格论、连续几何、数值分析、经济学、理论物理、核反应、流体力学和动力学、连续介质力学以及气象计算、Monte-Carlo方法等领域均有非凡贡献。他是博弈论的主要创始人,也是电子计算机时代的创建者之一,曾在美国第一代计算机的设计及编制程序技术的初期发展方面起主要作用。

冯·诺伊曼的博学多才确实是卓尔不群的,甚至是令人难以置信的,这首先要归结于他那广阔的知识结构。他在数学、物理、化学和工程方面均造诣颇深,文学和语言修养甚佳。单以数学论,数理逻辑、集合论、分析、博弈论则是他施展的支柱。希尔伯特曾说过:"我认为,数学科学是一个不可分割的有机整体,它的生命力正是在于各个部分之间的联系。"冯·诺伊曼一生的工作,是对数学的普适性和有机统一性的巨大贡献,他那超人的远见卓识也往往来源于此。对国家经济数学模型的研究以及瑞士数学家波莱尔关于极大极小性质的论文促使他的博弈论的建立,当他醉心于流体力学中湍流问题的研究时,充分意识到非线性方程的复杂性,以及他关于数理逻辑与集合论的研究,促使他在最后十年致力于计算机的研究和制造,并为此奠定了基础。

冯·诺伊曼的成就可分为前期和后期。前期主要继承前人工作,锦上添花;后期则是不畏艰难地为创造新数学学科而奋斗。他的过早去世犹如灿烂明星坠落一般令人无限惋惜!

四、菲尔兹奖和丘成桐

菲尔兹奖(Fields Medal)是窥视现代纯粹数学发展的窗口,是世界数学界的最高奖,被誉为"数学的诺贝尔奖"。该奖以已故的加拿大数学家菲尔兹命名,由国际数学联盟(IMU)主持评定,于每隔四年一次的国际数学家大会(ICM)上颁发。菲尔兹奖是一枚金质奖章和1 500美元奖金,这和10万美元诺贝尔奖金相比,相差甚远。然而,在数学家的心目中,获得这一殊荣比获诺贝尔奖更有意义。这是因为,菲尔兹奖由国际数学联盟从全世界第一流数学家中遴选,其权威性和国际性很强。同时,它每隔四年才评一次,每次至多四名,又仅授予40岁以下的数学家,故获奖的机会很小。

关于诺贝尔为何不设数学奖,历来众说纷纭。一种流行的看法是诺贝尔侧重选择那些与人类生活有直接关系的科学;另一种看法是诺贝尔与一位著名的瑞典数学家不和,如设数学奖,那位瑞典人极有可能成为第一名获奖者。从1897~1983年,菲尔兹奖总共评了10次,有27人获奖。其中美国9人,法国5人,英国3人,苏联2人,日本2人。芬兰、瑞典、挪威、意大利、比利时和中国各1人。

菲尔兹奖在激励年轻数学家方面起到了重要作用，但它也存在着严重的局限性。一是它不能反映知名数学家一生的成就，特别对于那些大器晚成者；二是它重纯粹数学而轻应用数学。如20世纪的大数学家冯·诺伊曼、柯尔莫哥洛夫等都是属于超获奖水平而未获奖的人。

丘成桐是第一位获菲尔兹奖的华裔数学家。他是著名华裔学者陈省身教授的学生，多年于美国普林斯顿高等研究院任教，正值壮年，前途无量。他的一项重要成就是证明了卡拉比猜测，这在代数几何中有着重要的应用。这项工作，要求解一个很难的非线性偏微分方程问题。丘成桐在处理高度非线性方程和大范围微分几何方面，充分展现了他雄厚的基础、功力和纯熟的技巧。他左右逢源，成果累累，不仅解了许多偏微分方程，而且在代数几何学、复解析几何学、微分几何学、多复变函数甚至广义相对论方面均获得了一系列重要定理。他解决了塞梵利猜想、斯密司猜想以及广义相对论中的正质量猜想。1978年，他获得了在国际数学家大会作一小时报告的机会，1981年获范布仑奖，1983年获菲尔兹奖。

1949年，丘成桐出生在广东汕头，1969年毕业于香港中文大学崇基学院数学系，1971年获得加州大学伯克利分校数学博士学位，1974～1987年任斯坦福大学、普林斯顿高等研究院、加州大学圣地亚哥分校数学教授，1987年起任哈佛大学讲座教授，如今已是闻名于世的学者了。菲尔兹奖评奖者对他的评价是：很少有数学家能够比得上丘成桐成就的深刻性、影响力和应用的广泛性。

试论极限概念的辩证本质*

——马克思《数学手稿》学习笔记

列宁指出:"我们必须懂得,任何自然科学,任何唯物主义,如果没有坚实的哲学论据,是无法对资产阶级思想的侵袭和资产阶级世界观的复辟坚持斗争的。为了坚持这个斗争,为了把它进行到底并取得完全胜利,自然科学家就应该做一个现代唯物主义者,做一个以马克思为代表的唯物主义的自觉拥护者,也就是说,应当做一个辩证唯物主义者。"① 学习马克思的《数学手稿》,首先是学习马克思主义哲学。在《数学手稿》中,马克思运用唯物辩证法的基本规律来阐明数学概念和数学运算的本质,并且一开始就斩钉截铁地和唯心主义及形而上学划清了界线。《数学手稿》为我们研究自然科学指明了正确的方向,提供了正确的方法论。这是一份珍贵的马克思主义文献。

一、极限概念

极限概念是高等数学中的一个重要概念。马克思在《数学手稿》中充分肯定了这一点,书中指出:极限概念"即使在今天仍然起着特别重要的作用。"与此同时,马克思又一针见血地指出:"极限值的概念是容易被误解也是经常被误解的。"② 对于伟大革命导师的这些指示,我们究竟应当怎样理解?通过学习,我们初步体会到:极限概念是客观世界量质互变规律的反映,极限过程正是量变转化为质变的过程。人类对极限概念的认识,可以追

---

* 原文发表于上海科学技术大学《科技资料》,1975(2):6-10.
① 《列宁全集》第43卷,人民出版社1987年版,第29页。
② 《数学手稿》,人民出版社1975年版,第128页。

溯到我国战国时期和古希腊时代。19世纪上半叶,数学家哥西(1789—1857年)在《分析教程》一书中,阐述了他的极限理论。该理论历来被数学家们视作是严格的、精确的甚至是天衣无缝的,并以此作为微积分学的理论基础。事实上,哥西极限理论并没有摆脱形而上学的束缚。它同以往的各种极限概念的描述一样,曲解的也正是极限概念辩证的本质。通过学习,我们也初步体会到:极限概念既然是客观规律的一种反映,其当然具有广泛应用的可能性。然而,只有对极限概念有一个辩证的理解,弄清它的本质,把曲解的问题给予正确的阐述,才能使极限概念起到特别重要的作用。

二、极限过程

"量转化为质和质转化为量的规律"[①],是唯物辩证法的基本规律之一;量变和质变的相互转化,是事物发展的普遍规律。一切事物,由于内部的矛盾斗争,无不向着自己的对立面转化。这一转化的发展过程,表现为由量变到质变、又由质变到量变的过程。所谓量变,是指事物数量的变化,不涉及根本性质的变化,也就是说,事物保持着一种相对的稳定性。所谓质变,是指事物根本性质的变化,是由一质到另一质的飞跃。量变超出某个关节点,必然会引起质变,产生新的质。而新的质又是和新的量联系在一起的。在新质的基础上,又开始新的量变过程。于是,量质不断地相互转化,构成了事物无限的、丰富多彩的发展过程。这一过程,正是事物由旧质态进入到新质态、由简单发展到复杂、由低级发展到高级的过程。

在数学上,极限过程往往被认为是研究单纯数量关系的重要方法,其实不然。马克思指出:"每一种有用物,如铁、纸等等,都可以从质和量两个角度来考察。"[②]物质世界的一切事物,都是质和量的统一体。质的规定性总是和量的规定性联系在一起的。质总是具有一定量的质,量也总是一定质的量。恩格斯曾说:"数是我们所知道的最纯粹的量的规定。但是它充满了质的差异。"[③]16不仅是16个1的和,也是4的2次方和2的4次方。至于正数与负数、有理数和无理数、实数与虚数、无穷大和无穷小等,更是充满着质

---

① 恩格斯《自然辩证法》,人民出版社1971年版,第47页。
② 《马克思恩格斯选集》第2卷,人民出版社1995年版,第115页。
③ 恩格斯《自然辩证法》,人民出版社1971年版,第236页。

的差异。所以,我们在考察极限过程时,决不能把质的变化撇在一边,而把量的变化看作一个没完没了的过程。其实,人们在科学实践中,把圆的面积作为内接正多边形面积发展起来的极限,把过曲线上一点的切线作为过同一点的割线发展起来的极限。自然,圆和内接正多边形、切线和割线,具有不同的质的规定性。极限过程,就是辩证的转化过程。列宁说:"辩证的转化和非辩证的转化的区别在哪里呢?在于飞跃,在于矛盾性,在于渐进过程的中断,在于存在和非存在的统一。"① 这就是说,辩证的转化在于质变。由量变引起质变,则为极限过程所反映的基本内容。

我国历史上,公元前 300 年左右就有"一尺之棰,日取其半,万世不竭"之说。这"万世不竭"之论,蕴藏着辩证的转化关系。试想,一根尺把长的竹竿,日取其半地分下去,竹竿的量(长度)逐渐减少。等到量变超出一个关节点后,竹竿的聚集状态不存在了。于是,竹竿的质就变为碳分子、氢分子、氧分子的质。就这一阶段而言,新质是碳分子、氢分子、氧分子。如果继续分下去,新质又开始新的量变过程,量变又引起质变,产生另一新的质——原子,如此等等,不可穷尽。这个量质互变的过程,确实是"万世不竭"的。然而,对每一阶段来说,都有一个确定的质变的结果,或者说,必然产生新的质。此种质变结果在数学上就称为极限。对于上述问题,极限就是零。然而,这个"零是具有非常确定的内容的"②。对于不同阶段,它代表着不同的新质(碳分子、氢分子、氧分子、原子、质子等)。相对于上一阶段,它的量为零;而相对于下一阶段,它的量是非零。但作为每一阶段质变的结果,它的量都等于零。

极限过程所反映的量转化为质的过程,在高等数学中,常用来描述具有新质和新量的一种新概念的引进。这种例子,人们是屡见不鲜的。马克思在《数学手稿》中指出:微分是"扬弃了的或消失了的差"③。又指出:"先设差值,而后又把它扬弃,这种做法从字面上看来将导致虚无。在理解微分运算时所遇到的全部困难(就像一般理解否定的否定时一样),正在于要弄清它是怎样区别于这种简单的运算过程,以及怎样由此导出实际结果的。"④ 扬弃包含着肯定的否定,是辩证的否定。而辩证的否定就是一事物向他事物的

---

① 《列宁全集》,人民出版社 1959 年版,第 314 页。
② 恩格斯《自然辩证法》,人民出版社 1971 年版,第 238 页。
③ 《数学手稿》,人民出版社 1975 年版,第 3 页。
④ 《数学手稿》,人民出版社 1975 年版。

转化,就是旧质向新质的飞跃。差商的分子分母经过量变之后,最后被扬弃了,变为0。这个0是质变的结果,它具有新质(瞬时速度、电流强度、温度梯度等),新的质又具有新的瞬时量。这个发展过程,可以用具有辩证转化意义的极限过程来描述。质变的结果 $\dfrac{dy}{dx}=\dfrac{0}{0}$ 就是 $\dfrac{dy}{dx}$ 发展起来的极限,这就是一阶导函数 $Y(x)$。在新质的基础上,继续开始新的量变。如果我们接着求 $f(x)$ 的二阶导函数、三阶导函数等,那么,展现在我们面前的,就是从量变到质变、又从质变到量变的量质互变过程的生动景象。

在数学中,极限过程往往只反映量质互变过程的某一个特定的阶段。然而,之所以成为一个极限过程,是因为它反映了辩证的转化,即反映了量变到质变的飞跃。人们在数学中获得新质新量的目的,不是为了把它束之高阁,不是到此为止,而是为了让它继续发展,引出更新的概念或者参与其他极限过程的运算。这样,在另一新的变化阶段,那个新质又开始了新的量变。如此量质互变地发展下去,构成了数学的丰富内容和千丝万缕的内在联系。恩格斯说得好:"变数的数学——其中最重要的是微积分——本质上不外是辩证法在数学方面的运用。"[1]综上所述,我们认为:极限概念本质上是物质世界量质互变规律的反映。辩证的转化,即量变转化为质变,是极限过程的基本内容。质变的结果,就是极限过程的结果。

三、极限概念的本质

质变以量变为前提。当量变超出某个关节点,旧质消失,新质产生。恩格斯在说明辩证发展过程是由量变进到质变的过程时写道:"物理学中的所谓常数,大部分不外是这样一些关节点的名称,在这些关节点上,运动的量的增加或减少会引起该物体的状态的质的变化,所以在这些关节点上,量转化为质。"[2]极限过程是辩证的转化过程,在发生质的飞跃时,自然也有量变转化为质变的关节点。譬如说——姑且引用旧的记号—— $\lim\limits_{x\to x_0}f(x)=A$。当 x_0 为有限值时,$x=x$,就是这个极限过程的关节点。当 x 为无穷大时,

---

[1] 《数学手稿》,人民出版社 1975 年版,第 218 页。
[2] 恩格斯《自然辩证法》,人民出版社 1971 年版,第 49 页。

无穷大可不可以作为关节点呢？可以的。恩格斯说："聚集状态——量变转化为质变的关节点。"[①]我们知道,物质是无限可分的。当物体分到分子的时候,分子的聚集状态就是关节点;如果从分子继续分到原子,那么,原子那种新的聚集状态又是关节点;再分下去,从原子分到质子,质子的聚集状态自然也是关节点,如此等等,不一而足。无穷大,正如无限地存在着的自然界一样,是不可穷尽的。然而,无穷大是由有限值发展起来的,它是从有限到无限的飞跃,是一个新质。达到了无穷大,有限值的性质要产生质变,有限值的固有特性也随之消失。如果我们把有限值和无穷大看成是两种聚集状态的话,那么,x达到无穷大,就是进入了一种新的聚集状态。因此,无穷大可以作为关节点。

其实,数学意义下的无穷大,是客观世界无限性的抽象。它是从现实中借来的,如采用现实关系来加以分析,就能一目了然。无穷大和无穷小一样,具有相对性,具有层次的差异。相对于地球上的物体而言,地球半径等于无穷大;而相对于那些要用光年来计算的距离时,地球半径又等于无穷小。这样,无穷大不过是表示一个阶段到另一个阶段的转化,它具有丰富的内容和实在的一面,并非不可捉摸的。无限可以通过有限来认识。所以,无穷大可以作为量变到质变的关节点。

有限和无限是辩证的统一。极限过程,也是人们认识有限和无限的相互转化关系的一种数学描述。从有限来认识无限,从有限中找到无限,在一定条件下,无限又可以表现为有限。但是,客观规律是客观事物本质的必然联系。量质互变规律是辩证法的三个主要规律之一。极限概念的本质,归根结底,实为量质互变规律的反映。

在上面引用的极限记号中,自然,$x \to x_0$这个记号是有问题的。但是,问题的产生不在于记号,而在于人们对极限概念是否有一个辩证的理解。

四、极限理论

17世纪以来,由于生产实践的需要,微积分学获得了蓬勃的发展。特别是微积分学的应用范围和应用的成效,引人注目。它激起了唯心主义敌对

---

① 恩格斯《自然辩证法》,人民出版社1971年版,第262页。

者的叫喊,这是不足为奇的。但是,也由于历史条件的限制,数学家们不能用唯物辩证法来研究那些接踵而来的新问题和新概念。于是,存在着一些基本概念模糊不清、逻辑上自相矛盾的缺陷。无穷小量的概念就是一个突出的例子。这个时期的微积分学,披上了一件"神秘性"的外衣。毫无疑问,这件"神秘性"的外衣,无非是形而上学的产物。而生产实践的继续发展,对微积分学的理论性提出了越来越迫切的要求。一直到1821年,哥西在总结前人研究成果的基础上,提出了一套极限理论。

我们先来看一下哥西是怎样阐述极限过程的。他说:"当一个变量相继所取的数值趋近于某个确定的值,以致它们的差终于比任意给定量还要小的时候,那个确定的值就叫作变量的极限。"这个极限定义及后来与其相仿的 $\varepsilon-\delta$ 说法,一直被认为是精确的极限概念的描述。无可否认,哥西极限理论比以往的极限论述,确实前进了一步。这是因为,哥西极限理论明确地表述了一个变化过程,指明变化的最终趋势,也包含了量与量之间的转化关系。可是,只要我们用唯物辩证法加以剖析,就不难发现,这个变化过程是一个单纯的量变过程,这种转化绝不是辩证的转化,因此,这个表示最终趋势的极限值的得出是不符合物质世界的基本规律的。为什么这样说呢?因为,在哥西所论述的极限过程中,变量的数值无论怎样变化,它与某个"确定的值"始终保持着距离。尽管这个距离越来越小,然后毕竟有个微距!这样,正如马克思在《数学手稿》中曾尖锐指出过的,极限值成了"能够不断接近,但永远不能达到,因而更不能超过的一个值"[①]。这种极限过程否认了量变引起质变的规律。量的渐进过程发展到一定程度就要中断,就要引起质的飞跃。因此,极限值是变量变化的结果,是一个具有新质的量,而绝不是一个可望而不可即的怪物。倘若不是如此,人们不禁要问,那个与变量截然不同的极限值是从何而来的呢?如果这是纯粹的量转化为量,那么,这是一种非辩证的转化。同时,也无法说明是如何实现这一转化的。而辩证的转化正是量变引起质变的飞跃,极限值就是质变的结果。变化结果和变化过程是辩证的统一,它们之间没有一道不可逾越的鸿沟。黑格尔在"逻辑学"一书中讲到:"在这种说法中,没有意识到下面这一点:正是当规定某物为极限时,就已经在超出这个极限了。"列宁在《哲学笔记》中的对此评价说:"妙

---

① 《数学手稿》,人民出版社1975年版。

极了!"哥西的极限理论表明,极限值只能接近,不能到达,更何况超出了。这是对极限本质的曲解,是否认质变的形而上学的观点。

否认质变,就是否认飞跃和发展,就是否认辩证法。在历史上,形而上学的发展观,以庸俗进化论的形式和唯物辩证法相对抗。形而上学把一切变化都归结为单纯的量变。只承认量变,不承认质变。马克思通过对商品经济的研究,不仅看到了商品生产的流通中的量变,更看到了在不同历史阶段中所产生的新质。马克思在《政治经济学批判》中写道:"但是,决不是像那些抹煞一切历史差别、在一切社会形态中都看到资本主义的东西的经济学家所理解的。"①

哥西极限理论的产生,既有其历史原因,也有其历史条件的限制。保留它的合理部分,剔除它的形而上学的推理。用唯物辩证法来阐明极限概念的本质,把辩证法深入到数学的分析理论中去。

---

① 《政治经济学批判》,人民出版社 1961 年版,第 155 页。

试论概率论的辩证本质*

战国时期杰出的法家学派代表人物韩非讲过守株待兔的寓言故事,借此来讽刺一些人的保守和愚蠢。其实,这个故事本身也颇值得剖析一番。一只奔跑的兔子撞在树桩上死了,这是一种偶然现象。那个宋国人却抱着"守株待兔"的心理,坐等野味。这是把一次偶然事件错当为必然规律了,于是把希望寄托在偶然性上,这当然是错误的。然而,世界上没有脱离了必然性的偶然性。那只兔子为何从那里经过? 为何奔跑? 为何撞死? 这是有原因的,是服从于内部的隐藏着的必然性的。如果不是"守株待兔",而是经过大量的观察和狩猎实践,就能发现兔子的活动规律,从而有效地逮住兔子。必然性和偶然性,是唯物辩证法的基本范畴。科学研究的任务,就是要从偶然现象中,揭露出事物过程内部隐藏着的必然的规律性。必然性和偶然性这种哲学范畴在数学上的反映,突出地表现在概率论这门科学之中。无论是概率论的研究对象,或者是概率论的基本概念和基本定律,无不充满着必然和偶然这对矛盾的相互依赖和相互转化关系,这便是本文力求阐述的问题。

一、偶然性和规律性

概率论是通过考察大量的偶然性去揭示必然性的一门数学科学。以辩证唯物主义为指导,对于把握和发展这门科学,具有重要的意义。必然性和偶然性,都是客观存在的。由于事物的内在根据和本质原因,客观事物在发展过程中有一种不可避免的一定趋向,这就是必然性;与此相反,事物在发展过程中,由于非本质的次要原因,一些现象可能出现,也可能不出现,这便

---

* 原文发表于上海科学技术大学《科技资料》,1976(1): 4-8.

是偶然性。然而,"被断定为必然的东西,是由纯粹的偶然性构成的,而所谓偶然的东西,是一种有必然性隐藏在里面的形式,如此等等"①。这就是说,必然性和偶然性是不能截然分开的,它们是对立的统一。例如,一位产妇妊育期满,生下婴孩,这是必然的趋向。然而,必然性中包含着偶然性。婴孩何日何时出生?带有偶然性。另外,新生婴孩的性别,是女是男?也是一种偶然现象。但是,这种偶然性,服从于因果性和必然规律性。这即使对于个别事件说来,也无不如此。就以新生小孩的性别而论,如果从生物学和医学的角度去考察,自然能够认识形成性别差异的原因和规律性。但是,这不是概率论研究的课题。而从人口普查和统计工作的角度去考察,就要抛开个体千差万别的差异,着重从数量上去分析,一个国家或者一个地区,生女生男总的说来遵循什么样的规律性。这便是概率论所研究的统计规律的典型例子。早在公元前二千多年,通过我国的人口统计工作,就发现了"男女婴儿出生率近似相同"的规律性。又如,研究一门大炮发射的炮弹弹道问题,当炮弹的初速、发射角和炮弹的弹道系数这些主要因素确定以后,炮弹连续发射后就飞向一定的区域,这是个必然趋向。然而炮弹的落点绝不是一个点而是许多点,弹道曲线绝不是一条线而是一束线。这里,必然性是通过偶然性来充分表现出来的。自然,理论弹道是"模型"化了的必然性,它的表现形式是实际弹道。这种偶然性或者偏差,是由下列次要因素造成的,如炮弹制造的误差、弹药重量与设计的标准重量的偏差、弹药成分的不均匀性、炮筒位置的误差、气象条件的变化,如此等等,不一而足。由于客观事物的复杂性和多因性,无论怎样提高精确度,偶然性始终是客观存在的。"偶然性只是相互依存性的一极,它的另一极叫作必然性。在似乎也是受偶然性支配的自然界中,我们早就证实在每一个领域内都有在这种偶然性中为自己开辟道路的内在的必然性和规律性。"②事实正是这样,在主要因素基本不变的情况下,进行大量的重复发射,于是发现,炮弹的离散落地点呈现出一种统计规律,它们是服从一种确定的分布律的。而对于大量现象的统计规律性的研究,正是概率论的任务。

上述例子表明,概率论是从数量关系这个侧面,透过大量同类现象的偶

---

① 《马克思恩格斯选集》第 4 卷,人民出版社 1972 年版,第 240 页。
② 《马克思恩格斯全集》第 21 卷,人民出版社 1965 年版,第 199 页。

然性,去揭示反映事物本质联系的必然规律性的。因此,为了正确地掌握它的研究方法,我们不仅要理解必然性和偶然性均为客观存在的,而且这两者既是矛盾的,又是统一的。偶然性是现象,必然性是本质。但现象要比本质丰富多彩。所以,必然性需要丰富多彩的偶然性来补充。偶然性是必然性的表现形式,必然性只有通过无数偶然性才能充分表露出来。所以,必然性又需要偶然性为自己开辟道路。然而,必然性和偶然性的地位是不相等的。在客观世界中,必然性处于支配地位。宇宙中一切本质的东西都是由必然性即客观的发展规律引起的。人们的认识不能建立在偶然性上,只有认识自然现象的必然性时,认识才是科学的。很清楚,概率论如果单纯去考察个体的偶然性,这是毫无意义的。因此,归根结底,概率论同其他自然科学一样,是一门研究必然性的科学。只是它的研究特点别具一格:透过偶然,揭示必然。

二、概率论的基本概念

必然性和偶然性,相互联系,相互依赖,并且在一定条件下相互转化。这是因为,事物在发展过程中,由于内部的矛盾斗争,无不向其对立面转化。诚然,转化是有条件的,但转化的根据则是事物自身的内在矛盾。正如毛主席教导我们的:"矛盾着的双方,依据一定的条件,各向着其相反的方面转化。"[①]必然性与偶然性的这种客观属性,在概率论的一些重要概念中,有着生动的反映。也正是这种客观属性,带来了概率论丰硕的成果,开辟了概率论广泛应用的前景。

"随机事件"是概率论的一个基本概念,它是客观事物的偶然性在数学上的反映。可是,这个概念是曾经的而且是容易被曲解的。一些人认为"随机事件"是无因果性的"纯粹出于随机"的事件,是无规律性的"纯粹的偶然现象"。一句话,它是不可捉摸的。这种观点是经不起批驳与检验的。事实上,偶然性脱离不了必然性,"随机事件"总是和规律紧密相连。"随机事件"并不随机,它要受因果关系的制约。例如,某个射手对一个靶子作多次射击。对一次射击来说,"击中八环以上",可发生亦可不发生,它是"随机事

---

① 《毛泽东选集》第1卷,人民出版社1991年版,第327页。

件"。但是当射击数足够大后,就宛如弹道问题一样,被击点的分布就显示出规律性,这就是分布几乎对于某一中心对称。愈近中心愈密,越离中心越稀,减稀程度服从所谓正态规律。大量"随机事件"遵循的规律性,为人们在生产实践和科学实验中屡见不鲜。因而,这种客观属性也就易于理解了。然而,单承认这点是不够的,还必须看到,就个别"随机事件"而言,也服从于因果性、必然性、规律性。世界上没有什么"纯粹出于随机"的事件。任何一个偶然现象都是有原因的,并且都是可以认识的,有的只是暂时没被认识而已。一次射击中了靶心,当然可以从物理学及射击论的角度去分析原因,进而揭露出因果性和规律性。不过这不属于概率论的范围,概率论分工于考察大量"随机事件"的规律性。而这种规律性,恰恰是个别偶然现象所隐藏的。正因为事物包含着偶然与必然的辩证关系,偶然的东西是必然的,而必然的东西又是偶然的,所以,个体的偶然性转化为总体的规律性,确是具有无可置疑的内在根据,并依一定的条件来实现这个转化。宣扬"纯粹随机事件",就像鼓吹电子具有"自由意志"一样,是一种否认必然性的错误观点。

诚然,"随机事件"是相对一组基本相同的条件而论的。条件变了,事件的特性也随之变化。比如,"击中八环以上",对于一名普通射手说来,应视为"随机事件";若对一名特等优秀射手来讲,则基本上可以看做是必然发生的事件。事物在发展过程中,当由所处的低层次向高层次变化时,必然性和偶然性也便随着改变性质。在宏观体系中属于必然的东西,在微观体系中往往是偶然的现象。同样,在一个层次上偶然的现象,在更深入层次上可以是必然的事件。

概率论的另一基本概念是概率。对于能够大量重复试验的一定事件,它在客观上可能发生程度的数值测度,称为事件的概率。概率这个概念之所以重要,首先在于它的客观性。换言之,它是不依人们意志为转移的客观规律性的数值反映。人们在科学实验中经常发现,当试验次数不大时,个别事件的个性很突出,此时偶然性占主要地位,于是事件发生的频率摆动颇大。但是,在大量重复试验的条件下,占主要地位的偶然性退居次要地位,隐藏着的必然性显著突出起来,于是频率总在某个常数左右作微小摆动,而差异大者极为罕见。这样,就把那个常数叫作事件的概率。实际上,概率是对于大量个别现象规律性的一种"概括"。这就是体现出来的频率的稳定性,或者说频率依概率收敛。频率的稳定性是人们实践经验的总结,它在理论上的论证便是著名的大数定律。贝努利大数定律表明,当试验次数无限增大时,事件出现的频率和概率之间有较大偏差的可能性无限减小。因此,当试验次数足够大时,便可用频率作为概率的近似值。大数定律证明了马克思以下的论述是何等的正确:"如果就个别的情形进行考察,偶然性就会起着支配的作用。所以在这个领域内,那种要在这些偶然事件中贯彻并规律着这些偶然事件的内部规律,就只有在这些偶然事件大量结合在一起的时候方才明白可以看到。"①

在大量重复试验下,事件的个性转化为共性(即普遍性)。"必然性和普遍性是不可分割的。"②也就是说,在大量需要试验的条件下,偶然性转化为必然性。通常,把这种必然性称为统计规律,把这种概率称为统计概率。正是这种统计概率的客观性,决定了概率论在各个领域中的深入发展。概率进一步的数学定义和概率的理论,都是建立在这种客观规律性之上的。离开了这个前提,不仅概率本身无法确定,概率的理论势必会成为无源之水,无本之木。

概率反映了集体现象的客观性质,反映了统计规律性。这种普遍性和规律性,明确表明概率是必然性的一种描绘。这就说明概率具有明确的意义,当然,这种意义是相对一定的条件组和大量现象而言的。比如说,每天上午9点到10点之间,呼叫每一组电话用户中的任何一个,接通的概率是3/4。显然,这个3/4不仅表明了接通可能性的大小,并且对于人们估计这段忙时电话的接通率用处颇大,对于电话局和用户均有确定的实际意义。这个3/4是成年累月观察的结果,是与主体无关的客观必然性的体现。然而,如果打一次电话给某个用户,只可能是"接通"抑或"接不通",不可能是3/4"接通"、1/4"接不通"(这里,把通话过程中由于干扰而中断的情况都归为"接通",因为毕竟是接通了)。这样,概率3/4对于一次电话的结果来讲,没有什么确切的含义。在个别试验中,偶然性暂时起支配的作用;偶然事件大量结合,必然性显露出来。必然与偶然、一般与个别,从辩证关系上来分析是不可分的对立统一体。概率的本质,正是以这种辩证关系为基础,反映了总体的必然性,而必然性又以个体的偶然性来为其开辟道路。因此,"随机

---

① 《资本论》第3卷,人民出版社1966年版,第972页。
② 《列宁全集》第38卷,人民出版社1959年版,第434页。

事件"和概率,是偶然与必然、个别与一般的对立统一。由此推论,"随机变量"和概率分布,也是偶然性与必然性的对立统一。

概率和"随机事件"一样,亦随条件组的变化而变化。在一种条件下事件的小概率,在另一种条件下可变为事件的大概率。不难理解,由于物质结构层次的不同,某种事件发生程度的客观测度也不一样。很明显,电话接通的概率,大城市和小城市,上午和下午,平时和节日,均不雷同。这种条件组,决定了概率这个客观测度的实际意义。所以,只有事先具体分析被研究的现象所依赖的条件组,并寻找支配这些现象的规律性,才能有效地运用概率论的方法。

三、辩证唯物论与形而上学

"形而上学所陷入的另一种对立,是偶然性和必然性的对立。"[①]偶然的东西是必然的,而必然的东西又是偶然的。这对形而上学者来说,简直是惶惶然不可思议的事情。因为,形而上学者总是习惯于把必然性和偶然性看成是没有任何联系的、绝对排斥的两个范畴。他们认为,一个事物、一个关系、一个过程,要么是偶然的,否则就是必然的,但绝不能既是偶然的,又是必然的。这样,形而上学就不可避免地要陷入两种截然相反的错误中去。

否认偶然性的存在,把世界上一切现象都视为必然的,这是形而上学的一种观点。这种观点把芝麻大的现象都当作本质和规律,把本质和非本质原因、主要和次要原因混为一谈。表面上很重视必然性,实际上歪曲了必然性。偶然性是客观存在的,更是和必然性不可分割的。而机械决定论,正是把两者完全割裂开来,无疑是错误的。否认客观必然规律,认为偶然性支配一切,这便是形而上学的另一种观点。这种反科学的非决定论的观点,在政治上为维护反动阶级的统治服务;在科学研究上,势必把自然科学引向唯心主义的泥坑。

非决定论的观点也曾在近代物理学中风行一时。当物理学深入到微观领域时,在一些基本问题上,其中突出的是波和粒子的二象性,向经典物理的概念和原理提出了挑战。宏观客体和微观客体,由于矛盾的特殊性,是具

---

① 《马克思恩格斯全集》第 20 卷,人民出版社 1971 年版,第 560 页。

有质的差异的。在宏观体系下，一般能够精确地描述物体的运动。然而，微观体系则不是如此。微观现象以偶然性的形式出现，在大量重复试验下具有统计规律性。量子力学就是大量微观现象的统计理论。这种微粒子集体运动的统计理论，正确地解决了二象性的矛盾。波和粒子，不再像经典物理所认为的那样，是迥然不同的相互排斥的概念，而是不可分割的、辩证的统一。但以玻尔、海森堡为代表的哥本哈根学派，用非决定论的观点来解释量子力学，继而在主观唯心主义的道路上越走越远。玻尔等人否认在微观过程范围内，因果性、规律性是客观存在的且是可以认识的。他们把微观现象的偶然性绝对化，认为这种现象是不隐藏任何规律的"纯粹的偶然"，是不可知的。如果有什么的话，也不过是仪器的特殊作用，或者仅仅与观察者的"认识"有关。反映微粒子运动状态的波函数，是客观统计规律性的体现。然而，玻尔等人却荒谬地进行主观唯心主义的解释，认为改变了对微粒子的认识，也就改变了它们的态。玻尔等通过波函数计算的概率，也是一种先验的概率。于是，主观唯心主义者完全否定了概率的客观性，把概率看成是主体"信念的程度"，是人的智慧对大量杂乱现象所作的"整理"。量子力学和概率论中辩证唯物论与唯心主义、形而上学的斗争甚为激烈，它直接与哲学中两种世界观的斗争联系在一起。当时，曾有人断言，从 1927 年起，由于量子力学的发现，科学家重新能够去相信神。哥本哈根学派的解释，在一些量子力学著作中，至今还被奉为正宗。这就从另一面告诉人们，坚持批判非决定论的错误观点，是何等的必要。

"蔑视辩证法是不能不受惩罚的。"①历史和现实，雄辩地证明了这一论断。一些自然科学家，往往是沿着形而上学的斜坡，滚进了唯心主义的深渊。这种例子，并非罕见。这类教训，值得汲取。辩证唯物论为研究自然科学指明了方向，提供了正确的方法论。同时，为了对唯心主义和形而上学坚持斗争，就必须认真学习和努力掌握辩证唯物主义的革命理论。

---

① 《马克思恩格斯选集》第 3 卷，人民出版社，1972 年版，第 482 页。

关于克服滤波发散部分教学内容的处理*

一、前言

教学过程是一个创造过程。为了提高教学质量,教师不仅要很好地消化和掌握教学内容,还要对教学内容展开教学研究和科学研究。一般说来,任何一本科学著作都有它的长处和短处。某一本著作论述不够清晰之处,另一著作则可能抓住关键,迎刃而解。尤其是近代科学的一些内容,不像基础学科那样经历过长期的锤炼,值得研讨和改善的地方不在少数。这些,无不要求一位教师应当广集博览,深入研究教学内容,按照启发式的教学原则,妥善处理教学内容,采用有效的教学方法,启迪学生的智力,增长学生的见识。

在现代控制论的数学方法这门课程中,如何处理克服滤波发散的部分教学内容,我们经历了一个反复锤炼的过程。首次讲座,完全采用一种专著的讲法,结果是老师讲得辛苦,学生听得吃力,留给听讲者的印象,是冗长和复杂的。后来受到某一文献的启发,改善了讲法,复杂性降低了,技巧性提高了,但不够自然和直观,仍然是有待研究的问题。为了提高教学质量,我们展开了克服滤波发散的专题科学研究,取得了点滴成果,同时也更新了部分教学内容的讲法。在几次教学实践的基础上,编写出新的讲义,注意引入了一些新的研究成果,内容的处理也比较合理、自然和易于接受。下面,仅以限定记忆滤波递推公式的证明为例来加以说明,以就正于数学同行和各位老师。

---

* 原文发表于上海科学技术大学《教学研究》,1983(1): 45 - 48.

二、定理叙述

考察 n 维不含动态噪声的动态系统和 m 维量测系统

$$X_K = \Phi_{K,K-1} + X_{K-1}$$
$$Z_K = H_K X_K + V_K \quad (1)$$

设 V_K 是零均值白噪声,且 $V_K V_j^{\tau} = R_{Kj}$, $\delta_{Kj} = \begin{cases} 1, & K=j \\ 0, & K \neq j \end{cases}$, X_0 是与 $\{V_K\}$ 互不相关的随机向量,且设 $EX_0 = \hat{X}_0$, $\text{Var} X_0 = P_0$,并设 X_K 相对于 T 个量测 Z_{K-T+1}, Z_{K-T+2}, …, Z_K 是完全可观测的,在以下讨论中,用 $\hat{X}_K$ 及 P_K 表示 X_K 的 Kalman 滤波和滤波误差方差阵,以 $\hat{X}_T(K)$ 及 $P_T(K)$ 分别表示当 $K > T$ 时的记忆长度为 T 的限定记忆最优滤波和相应的滤波误差方差阵。

定理:系统(1)的记忆长度为 T 的限定记忆滤波,当 $K > T$ 时,可由下面的递推公式进行计算:

$$\hat{X}_K(T) = \Phi_{K,K-1}\hat{X}_T(K-1) + K_K(Z_K - H_K\Phi_{K,K-1}\hat{X}_T(K-1))$$
$$- \bar{K}_K(Z_d - H_d\Phi_{d,K-1}\hat{X}_T(K-1)) \quad (2)$$

式中,$d = K - T$

$$K_K = P_T(K) H_K^{\tau} R_K^{-1} \quad (3)$$

$$\bar{K}_K = P_T(K) \Phi_{d,K}^{\tau} H_d^{\tau} R_d^{-1} \quad (4)$$

$$P_T(K) = E\bar{X}_T(K)\bar{X}_T(K)^{\tau}$$
$$= (P_T(K \mid K-1)^{-1} + H_K^{\tau} R_K^{-1} H_K - \Phi_{d,K}^{\tau} H_d^{\tau} R_d^{-1} H_d \Phi_{d,K})^{-1} \quad (5)$$

式中,$\bar{X}_T(K) = X_K - \hat{X}_T(K)$

$$P_T(K \mid K-1) = \Phi_{K,K-1} P_T(K-1) \Phi_{K,K-1}^{\tau} \quad (6)$$

公式(5)可用以下两式来代替:

$$D_K = P_T(K \mid K-1) + P_T(K \mid K-1)\Phi_{d,K}^{\tau}H_d^{\tau}(R_d - \tag{7}$$
$$H_d\Phi_{d,K}P_T(K \mid K-1)\Phi_{d,K}^{\tau}H_d^{\tau})^{-1}H_d\Phi_{d,K}P_T(K \mid K-1)$$

$$P_T(K) = D_K - D_K H_K^{\tau}(R_K + H_K D_K H_K^{\tau})^{-1}H_K D_K \tag{8}$$

当 $K < T$ 时,在以上诸式中置 $H_d = 0$,并取 $\hat{X}_T(0) = \hat{X}_0$, $P_T(0) = P_0$, 此时, $\hat{X}_T(K) = \hat{X}_K$, $P_T(K) = P_K$, 即 $\hat{X}_T(K)$ 就是 X_K 的 Kalman 滤波。

当 $K = T$ 时,对 $\hat{X}_T(T)$ 及 $P_T(T)$ 要作如下修正:

$$P_T(T) = (P_T^{-1} - \Phi_{0,T}^{\tau}P_0^{-1}\Phi_{0,T})^{-1} \tag{9}$$

$$\hat{X}_T(T) = P_T(T)(P_T^{-1}\hat{X}_T - \Phi_{0,T}^{\tau}P_0^{-1}\hat{X}_0) \tag{10}$$

这个定理的上述结果是对无动态噪声的自由系统(1)作出的,对于含动态噪声的系统,得不出上述类似结果。也就是说,对于含动态噪声的一般模型,只依赖于现在时刻的量测 Z_K 和 T 时刻以前的量测 Z_{K-T} 以及前一时刻的估计 $\hat{X}_T(K-1)$ 的限定记忆最优滤波递推公式是不存在的。

三、两种证明

上述定理的证法不止一种。文献[1]的证法比较繁复和冗长。它虽然从投影的基本引理出发,却要构造 $\hat{X}_{T+1}(K) = \hat{E}(X_K \mid Z_d^K)$ 的两种分解形式,求出分解式的各项后,还要运用一定的技巧和过多的运算整理,方可得到式(2)、(3)、(4),在推导出式(5)、(6)、(7)、(8)以后,为了得到修正式(9)、(10),也须推出系统(1)的 Kalman 滤波非递推表达式,然后按照限定记忆滤波的原意,导出公式(9)和(10)。这种证法不仅繁复,而且修正公式的推出也不够自然,给人以另起炉灶的感觉.这种证法使学习者难以掌握,感到投影引理的应用难度较大,甚至由此产生畏缩情绪。然而,它的优点是紧扣投影理论,前后风格一致。

文献[2]的证法较为精炼,但技巧性较强,事实上,它是在全部的线性无偏估计中,使用 Schwarz 不等式来求出一个最优的估计,这种证法写在一篇文章中自然可行,但用于教学却有一些问题,因为它不是从投影理论或者学生熟知的 Kalman 滤波公式出发,有失本课程前后内容的呼应和风格的一致性。并且,修正公式(9)、(10)的得出尽管比上述证法要自然一些,但毕竟是两路行军、一处会师的格局。其实,式(9)、(10)的得出是应当十分自然而然的。

四、新的证明

文献[3]给出了上述定理的一种新的证明方法,我们在新编讲义中采用了这种证法,这种证明的过程比较自然和简单,易于接受,便于记忆。先在以前的滤波递推公式讲授时,导出自由系统的非递推公式,证明中由 Kalman 滤波的非递推公式出发,根据限定记忆滤波思想,自然得出 X_K 基于量测 Z_{K-T+1}^K 的一种线性估计 $\hat{X}_T(K)$,然后由熟悉的线性估计理论证明 $X_T(K)$ 就是 X_K 的限定记忆最优滤波,而且初值公式(9)、(10)的得出十分自然,与证明过程融为一体。当然,这种证法是在学习和研究文献[1]、[2]证明方法的基础上产生的,主要考虑是有利于教学的实践,现将证明列在下面:

对于系统(1),依据以往知识有下列两式:

$$\hat{X}_K = P_K \left(\Phi_{0,K}^\tau P_0^{-1} \hat{X}_0 + \sum_{i=1}^K \Phi_{i,K}^\tau H_i^\tau R_i^{-1} Z_i \right) \tag{11}$$

$$P_K^{-1} = \Phi_{0,K}^\tau P_0^{-1} \Phi_{0,K} + \sum_{i=1}^K \Phi_{i,K}^\tau H_i^\tau R_i^{-1} H_i \Phi_{i,K} \tag{12}$$

由限定记忆滤波的思想,当 $K > T$ 时,只利用离 K 时刻最近的前 T 个量测 $Z_{K-T+1}, Z_{K-T+2}, \cdots, Z_K$,而完全舍弃了其余的量测。同时,为了免除 $\hat{X}_0$ 和 P_0 的影响,假设没有 X_0 的任何验前统计知识,这是相当于取 $P_0 = \infty I$,从而 $P_0^{-1} = 0$。为此,把式(11)、(12)右端改变为如下形式,并分别以 $\hat{X}_T(K)$ 及 $P_T(K)$ 代替 $\hat{X}_K$ 及 P_K 即令,

$$\hat{X}_T(K) = P_T(K) \left(\sum_{i=K-T+1}^K \Phi_{i,K}^\tau H_i^\tau R_i^{-1} Z_i \right) \tag{13}$$

$$P_T(K) = \left(\sum_{i=K-T+1}^K \Phi_{i,K}^\tau H_i^\tau R_i^{-1} H_i \Phi_i^K \right)^{-1} \tag{14}$$

现在证明 $\hat{X}_T(K)$ 是 X_K 表基于量测 $Z_{K-T+1}, Z_{K-T+2}, \cdots Z_K$ 的线性无偏最优估计,$P_T(K)$ 是相应的误差方差阵,令 $d = K - T$,且令

$$Z_{d+1}^K = \begin{pmatrix} Z_{d+1} \\ Z_{d+2} \\ \vdots \\ Z_K \end{pmatrix}, \Delta K = \begin{pmatrix} H_{d+1}\Phi_{d+1,K} \\ H_{d+2}\Phi_{d+2,K} \\ \vdots \\ H_K \end{pmatrix}, \Lambda_K = \begin{pmatrix} V_{d+1} \\ V_{d+2} \\ \vdots \\ V_K \end{pmatrix}$$

从而

$$E\Lambda_K = 0, \quad E\Lambda_K \Lambda_K^\tau = \begin{pmatrix} R_{d+1} & & & \\ & R_{d+2} & & \\ & & \ddots & \\ & & & R_K \end{pmatrix} = A_K$$

$$Z_{d+1}^K = \Delta_K X_K + \Lambda_K \tag{15}$$

并且
$$\hat{X}_T(K) = (\Delta_K^\tau A_K^{-1}\Delta_K)^{-1}\Delta_K^\tau A_K^{-1} Z_{d+1}^K \tag{16}$$

由式(15)、(16)知，$E\hat{X}_T(K) = EX_K$，所以 $\hat{X}_T(K)$ 是 X_K 基于量测 Z_{d+1}^K 的线性无偏估计。

另外，由线性估计理论知道，X_K 基于量测 Z_{d+1}^K 的线性最小方差估计 $\hat{X}_{LMV}$，由(15)式以及矩阵反演公式，有

$$\hat{X}_{LMV} = EX_K + \text{cov}(X_K, Z_{d+1}^K)(\text{Var}Z_{d+1}^K)^{-1}(Z_{d+1}^K - EZ_{d+1}^K)$$
$$= EX_K + (\text{Var}X_K)\Delta_K^\tau [A_K + \Delta_K(\text{Var}X_K)\Delta_K^\tau]^{-1}(Z_{d+1}^K - \Delta_K EX_K)$$
$$= [(\text{Var}X_K)^{-1} + \Delta_K^\tau A_K^{-1}\Delta_K]^{-1}[\Delta_K^\tau A_K^{-1}Z_{d+1}^K + (\text{Var}X_K)^{-1}EX_K]$$

特别，当 $P_0^{-1} = 0$ 时，$(\text{Var}X_K)^{-1} = \Phi_{0,K}^\tau P_0^{-1}\Phi_{0,K} = 0$。此时

$$\hat{X}_{LMV} = (\Delta_K^\tau A_K^{-1}\Delta_K)^{-1}\Delta_K^\tau A_K^{-1}Z_{d+1}^K = \hat{X}_T(K)$$

所以，$\hat{X}_T(K)$ 是 X_K 基于量则 Z_{d+1}^K 的线性最小方差估计，即 $\hat{X}_T(K)$ 是 X_K 的限定记忆最优滤波，并且在这种情况下，估计误差的方差阵为

$$E(X_K - \hat{X}_{LMV})(X_K - \hat{X}_{LMV})^\tau = (\Delta_K^\tau A_K^{-1}\Delta_K)^{-1} = P_T(K)$$

为了得到递推公式，由式(13)、(14)分别得到

$$P_T(K)^{-1} + \Phi_{d,K}^\tau H_d^\tau R_d^{-1} H_d \Phi_{i,K} - H_K^\tau R_K^{-1} H_K = \Phi_{K-1,K}^\tau P_T(K-1)^{-1}\Phi_{K-1,K}$$
$$\tag{17}$$

$$P_T(K)^{-1}\hat{X}_T(K) + \Phi_{d,K}^\tau H_d^\tau R_d^{-1} Z_d - H_K^\tau R_K^{-1} Z_K = \Phi_{K-1,K} P_T(K-1)^{-1}\hat{X}_T(K-1) \tag{18}$$

由式(17)即得到式(5)、(6),由式(17)还可以得到

$$\Phi_{K-1,K}^\tau P_T(K-1)^{-1} = P_T(K)^{-1}\Phi_{K,K-1} - H_K^\tau R_K^{-1} H_K \Phi_{K,K-1} + \Phi_{d,K}^\tau H_d^\tau R_d^{-1} H_d \Phi_{d,K-1} \tag{19}$$

将式(19)代入式(18),再在所得关系式两边同时左乘 $P_T(K)$ 就可得到式(2)、(3)、(4),同时,由式(7)及矩阵反演公式,有

$$D_K^{-1} = P_T(K \mid K-1)^{-1} - \Phi_{d,K}^\tau H_d^\tau R_d^{-1} H_d \Phi_{d,K}$$

将其代入式(5),再由矩阵反演公式,就可以得到与式(5)等价的公式(8)。

当 $K < T$ 时,若置 $H_d = 0$,并取 $\hat{X}_T(0) = EX_0$,$P_T(0) = \text{Var}X_0$,那么定理的公式就化为Kalman滤波公式,即 $\hat{X}_T(K) = \hat{X}_K$,$P_T(K) = P_K$。

另外,当 $K = T$ 时,由式(11)、(12),并自然有 $P_0^{-1} = 0$,则可直接得到进入限定记忆滤波的初值公式(9)、(10)证毕。

参 考 资 料

[1] 中国科学院数学研究所概率组.离散时间系统滤波的数学方法[M].北京:国防工业出版社,1975.

[2] 安鸿志,严加安.限定记忆滤波方法[J].数学的实践与认识,1973(4).

[3] 张荣欣,张贤福.限定记忆加权滤波方法[J].高等学校计算数学学报,1983(3).

从高分低能说起*

有人说,现在有不少中小学生学习的独立性很差,这使我们想起有相当数量大学生的"高分低能"问题。所谓高分低能,就是指学生入学考高分,但基础不扎实,能力偏低,智能结构有明显缺陷,尤其是缺乏运用已学的知识去分析问题和解决问题的能力。例如,我校数学系有位学生,入学考分是全系最高的,但由于基本能力差,习惯套公式、套概念、以题套题的解题方法,忽视对概念、原理和论证的理解和分析,结果变为重点困难户,入学两年竟有四门基础课要补考。

高分而又低能,看上去好像自相矛盾的,实际上这是一种假象。因为低能的高分,是贬值的高分,实际上并不高。高分低能的学生还有一个通病,就是安于被动地接受知识,缺乏勇于探索的进取精神。他们满足于现存的书本知识,书云亦云,师云亦云,难得越雷池一步。我们曾对七七、七八两届毕业的学生进行实验考核,结果不能熟练地进行基本实验操作的人数超过70%,而这两届学生的理论课考分都不错,以某一学期为例,平均获80分以上的人占总人数的60.9%。可见高分低能问题,在目前大学生中带有一定的普遍性。

自然,高分低能的现象不仅在大学生中有,中小学生中也有,不言而喻,他们是相互影响的。如不适时医治这种弊病,势将造成一个大、中、小学教学上的恶性循环,小学影响中学,中学影响大学。例如,目前在中小学教育和家庭教育中,都不同程度地存在着盲目追求分数、忽视青少年自学能力培养的现象。家长望子成才心切,教师希望快出人才,这都是无可非议的良好愿望。然而,应该用什么方法培养人却值得讨论了。用满堂灌、甚至嚼烂喂

---

* 原文发表于《文汇报》1982 年 12 月 9 日。

育的方法去确保学生获得高分,是不足取的,因为它将使学生的自学能力、认识能力、创造能力和独立工作能力受到严重的损害。这些年来,一些中小学片面追求升学率,违反教学规律,用"吹气""突击""大运动量"的方法强攻高考关,已经造成了部分大学生自学能力和认识能力"先天不足"的后果。一些进入大学的新生,自学能力相当差,课后的"功课",只限于做习题,习题做好功课就完毕。有些新生在中学已养成靠老师扶着走的习惯,总希望大学老师也讲得详细,指导具体。所以,高等院校怎样培养学生的独立学习能力,是一个需要认真研究解决的问题。很难设想,一个高分低能的大学生走上工作岗位以后,能在各方面工作中有所创造发明、有自己的独到之见。

当然,要改变大学生高分低能的问题,也不单是大学阶段教学所能解决的,因为有许多方面是中小学教学先天不足所造成的,这就需要大、中、小学一起从教育思想和教学方法入手进行改革。应该说,对学生能力的培养现在已越来越被教育界所注意了。这说明,要使教师从满堂灌中改变过来,学生从分数中解放出来,中小学从片面追求升学率中解脱出来,是非花大力气不可的。

纪念述评与旅游写作

纪念华罗庚

全球数学界享有盛誉的中国数学家华罗庚(1910—1985),2021年是其诞辰111周年。这三个"1",还隐藏着另一番深意。首先,华先生是中国科学院院士中,学历最低而造诣很高的第一人。其次,他是中国科学家中,第一位成为美国科学院外籍院士的人。再次,中华人民共和国成立初期,他是第一批从美国毅然归国、报效祖国、全心全意为人民服务、为祖国作出重大贡献的伟大数学家。华先生真正做到了为党为人民的事业,鞠躬尽瘁,死而后已,是人民和知识分子的光辉榜样。

华罗庚出生在江苏常州金坛的一个贫寒家庭。初中毕业后,只能帮父亲料理杂货店。19岁时(1929年冬),又不幸染上伤寒病,躺了半年,左腿落下残疾。但他没有妄自菲薄,利用业余时间特别在夜深人静时,他以非凡毅力坚持自学数学。有时,他在小油灯下冥思苦索到拂晓。华先生后来回忆他坎坷多难的青少年时期时说道:"勤能补拙是良训,一分辛苦一分才。"

华罗庚是自学成才的典范。他出色的自学能力,使其所学知识既宽广又深厚,并且拥有独特的清晰且简洁的思维方法。他在自学感悟中说:"自学要以长期性、艰苦性来克服自学中的困难。自学要善抓要点,突破重点,由点到面,融会贯通,要有不耻下问的精神。"

他非凡的自学能力和陆续发表的数学论文,受到一些中外数学家的重视。特别是清华大学数学系主任熊庆来教授,欣赏华罗庚的才华并为其在困境中自强不息的精神所感动,破格聘用他到清华大学数学系工作。华罗庚从助理到助教,又升为讲师再到出国留学,并以优秀成果晋升为教授。在西南联大任教的艰苦岁月里,华罗庚以卓越的奋斗精神写就传世数学名著《堆垒素数论》。他自学几种外语,曾在英国剑桥、美国普林斯顿和伊利诺等大学留学和工作过。他是一位学识渊博、创造力很强的学者。

1950年，华罗庚放弃在美国终身教授的职务和高薪待遇，毅然回到祖国，参加建设新中国和为人民服务的伟大事业。归途中，他还写了一封《致中国全体留美学生的公开信》，信中说："为了抉择真理，我们应当回去；为了国家民族，我们应当回去；为了为人民服务，我们也应当回去。"还说："锦城虽乐，不如回故乡；乐园虽好，非久留之地。归去来兮。"

华罗庚在解析数论、堆垒素数论、多元复变函数论、典型群等诸多领域，基础雄厚，博大精深，都有重大建树。他的论文和著作丰富，有的论文获国家自然科学一等奖，有的著作是世界数学经典。归国后，他的学术研究进入高潮，备受国内外好评的专著《数论导引》和合著《典型群》相继出版。回国后数年之内，他的论文和专著合起来有百万字之多。他生前是中央研究院院士和中国科学院院士，是美国科学院外籍院士，是有着深远影响的世界级数学大师，是中国数学的领军人物。他曾任清华大学教授，中国科学院数学研究所、应用数学研究所所长，中国科学技术大学副校长、中国科学院副院长等职。

在一次全国政协的活动中，毛泽东主席曾亲切地对华罗庚说："你也是穷苦人家出来的，你要为我们国家多培养出一些学生来。"华先生牢记领袖的重托，他认为攀登科学高峰要发扬人梯精神，他愿做这样的阶梯。他慧眼识英才，悉心又严格地培养了一批数学精英和后起之秀。其中，著名数学家陈景润和王元等就是灿烂群星中的诸多优秀人才代表。他亲自为中国科技大学的学生讲授数学基础课，他对学生要求非常严格，不允许含糊不清。他要求学生尊重科学，并以身作则，把自己一生的自学心得和研究经验都奉献给学生。出于对一些学生的恨铁不成钢，他有时也难免急躁和苛求。

1956年，在厦门大学王亚南校长的关怀下，被调回数学系当助教兼管系图书室管理员有一年多的陈景润，写出了他的第一篇数学论文。这是陈景润日以继夜地钻研数论、反复学习华罗庚的名著《堆垒素数论》近30遍的结果。陈景润的论文是研究"他利问题"，改进了华罗庚的研究结果。该数学论文经数学系张鸣镛、李文清两位名师仔细审阅后，推荐给华罗庚。华罗庚阅读后非常高兴，指名陈景润出席当年全国数学会议宣读此论文，并公开给予肯定性的好评。1957年，华罗庚调陈景润到中国科学院数学所工作。在华罗庚的直接指导下，陈景润的学术水平和创造能力迅速提高。后来，在攻克世界难题哥德巴赫猜想中，陈景润为我国赢得了崇高的国际科学荣誉。

华罗庚一直铭记毛泽东主席的鼓励，奋发有为，不为个人，而为人民服务。他努力走与工农兵相结合的道路，让数学为生产实际服务。毛主席对华罗庚积极推广"优选法""统筹法"的壮举表示赞扬，认为此举"壮志凌云，可喜可贺"。华罗庚精神焕发，不辞辛劳，足迹遍布全国，甚至徒步穿行茫茫林海之中。"优选法""统筹法"的推广应用，为工农业生产服务解决了大量的生产实际问题，收到显著效果。华罗庚因此被誉为"人民的数学家"。1979年，华罗庚光荣地加入中国共产党。

华罗庚长期劳碌奔波，深入基层推广"两法"。但他毕竟年逾花甲，在1975和1982年，都曾因心肌梗死住过医院，受到人民和国家的关怀。最后，1985年6月12日，华罗庚在日本讲学时，由于再次突发心肌梗死，倒在东京大学的讲台上，经抢救无效于当晚去世。一位登上数学高峰又对祖国忠贞不渝的学者逝世，犹如光芒耀眼之星陨落一般，令人无限惋惜！

巴甫洛夫说："科学没有国界，科学家有祖国。"华罗庚胸怀祖国，无比热爱祖国。他出色地践行了自己"活着不是为了个人，而是为了祖国"的诺言。他将自己毕生的抱负、才能和事业，融入中华民族伟大复兴的征程中。

正值华罗庚诞辰111周年，特作一副长联，深表敬仰和纪念。

上联：金坛后生，初中学历，自学奇才，应聘清华。扬名英美名校园，高薪厚约均可弃，毅然归国丹心盛传；

下联：数学大师，院士所长，培育精英，成就中华。赶超数学最前沿，攻坚应用皆创优，忘我耕耘忠良流芳。

深切怀念王亚南校长

王亚南(1901—1969)是我国杰出的马克思主义经济学家、教育家,是学贯中西的著名学者。他曾任中山大学、清华大学教授,曾留学日本和德国。他和郭大力用时10年,于1938年正式出版马克思主义巨著德文版《资本论》三大卷全译本,是马克思主义经济学在中国系统传播的里程碑。他生前著译颇丰,达四十多部,特别是在探索新中国成立前我国的经济形态、政治经济学、"资本论"研究等方面,有卓越的建树。

1955—1959年,我在厦门大学学习时,王亚南教授时任厦门大学校长。关于王校长的盛赞广为流传。王校长传承陈嘉庚先生期盼的"世界之大学"的愿望,即使在中华人民共和国成立早期,厦门大学在多学科发展、海洋特色和教学科研相结合方面,都是成绩斐然的。王校长和陈嘉庚先生决心把厦大办成世界一流大学的宏愿是一致的,但有时也会发生一些分歧。在建造大礼堂工程近一半时,作为出资人的陈嘉庚先生来工地视察,看后很不满意,认为不符合他的"全国高校第一礼堂"的标准,建议全部推倒重建。作为经济学家的王校长,表示推倒重建太浪费,他非常耐心地说服陈嘉庚先生放弃推倒重建的主张,表示后继工程和礼堂屋顶均按老先生要求去做,此事后来竟成了一桩美谈。

学校艺术团乐队缺乏铜管乐器,学生会建议向王校长求助。王校长听后沉思片刻,就微笑着对艺术团团长说:"我来出个主意。回去好好排几个陈老先生喜闻乐见的节目,到老先生故乡集美去慰问演出。让他看着高兴了,再提资助买铜管乐器的事。"果然,慰问演出后不久,陈嘉庚先生派人派车送来全套从海外买来的铜管乐器,使全体艺术团员振奋不已。在当时的高等学校中,有此豪华设备的可以说是凤毛麟角。其实,王校长深知陈嘉庚先生时刻关心着厦门大学,他们彼此尊重,彼此心照不宣。王校长和时任福建省省长、省委第一书记、福州军区首任司令员兼政治委员的叶飞同志,也是彼此尊重相处融洽。王校长经常邀请叶飞同志来校作政治形势报告,宽敞的大礼堂里学生坐得满满的。叶飞同志文质彬彬,在我的记忆中,他每次作报告前总要谦虚地说:"我是文不像文,武不像武,我要向王校长学习。他是专家、学者,是我国著名的马克思主义经济学家。"

  王校长和一些著名教育家一样,坚持"人只能由人来建树"的理念,他要求教师要有渊博的知识和专长以及良好的素养,尊重学生,热爱学生,关心学生,教书育人。王校长尽管很忙,但对学生体贴入微。我们这一届新生,外省来的学生较多,秋季入校大多没带蚊帐,但厦门四季温热,几乎全年需要挂蚊帐。还有本省新生不少人只带着拖鞋,个别同学拖着木屐进出教室和阅览室,严重影响课堂和自修环境。王校长知悉后,迅速责令校办购买蚊帐和鞋子,送给缺乏的新生,所有费用均由校长私人承担。王校长对学生的热爱更是感人至深。1953年,陈景润从厦门大学数学系毕业,被分配到北京某中学任数学教师。上课时,由于不善言辞,又总对着黑板讲解,教学效果自然不佳,学校只是让他批改作业。因为过于自责,又不适应北京的气候,他染上了肺病,经常住院治疗,学校只好以"回乡养病"为由给他停职,陈景润的人生一下子跌入低谷。此时,王亚南校长赴教育部开会,北京某中学领导找到王校长,诉说了陈景润的状况。王校长坚信陈景润是一位刻苦自强、学习成绩优秀的毕业生。但他不善言辞、不善交流,可能不适合当教师,特别不适合当青少年的师长。在王校长的亲自关怀和安排下,陈景润被调回厦门大学数学系工作,担任名师张鸣镛助教并兼数学系阅览室管理员。从此,陈景润日以继夜地刻苦钻研数论,反复研读华罗庚名著《堆垒素数论》有30遍之多,并写出了他的第一篇论文《他利问题》。该论文经张鸣镛、李文清老师仔细审阅后推荐给华罗庚。1956年,经华罗庚提议,陈景润被调入北京数学研究所工作,这是陈景润三年内二进北京了。后来,陈景润取得了非凡的科研成果,在哥德巴赫猜想的研究中为祖国争得了崇高科学荣誉。这一切,归功于其不懈的努力、华罗庚先生的指导、厦门大学的培养和王亚南校长的关怀。

  我认识王校长是在厦门大学的运动会上。由于我和同班同学李家元搭档(我逗他捧)在学校演出中说过相声,当时说相声稀奇且颇受欢迎,所以老师推荐我们去主持校运动会。我们是数学专业的学生,但也喜爱文学,不时在《厦大校刊》上发表诗词,我写新诗,他填古词。在主持运动会时,我们配合默契,语言生动,看见什么,描绘什么,运动会气氛高潮迭起。此时,王校长走上主持台,悄悄地在我耳边问道:"中文系的?"我赶紧回答:"王校长,我们是数学系的。"王校长颇为惊讶,问了我们的名字后高兴地说:"好!文理相通,继续努力,争取文理俱佳,全面发展。"王校长的悉心教导,照亮了我们人生的征途。我们班是数学系全面发展的优秀班级。新生篮球赛,我们班名列第一;新生汇演,我们班荣获一等奖。我们班有4人为校篮球队主力,李家元同学被聘为学生会文化部部长,我被聘为校话剧团团长。在专业学习上,我们班也经常受到系主任和任课教师的好评。

1958年,为了响应党中央号召,走知识分子与工农兵相结合的道路,校话剧团准备排演四幕话剧"青春之歌"并去厦门市公演。我利用寒假和课余时间研究了当时热传的"斯坦尼斯拉夫斯基体系"讲座,这对我以后担任校话剧导演工作提供了很大帮助。同年夏天,话剧团团员在厦大礼堂彩排四幕话剧《青春之歌》,王校长、其他校领导和学生会及校艺术团成员观看了演出。演出结束,王校长请校党委书记讲话。书记充分肯定了该剧通过农学院毕业生走向农村、和群众共同奋斗、战胜虫害和洪水、经受锻炼考验的感人故事,认为这是一首新时代的青春之歌,富有很好的教育意义。王校长对话剧团团员自导自演获得成功表示祝贺。他要求全校本届毕业生观看正式演出。他希望中文系组织教师对该剧本、演出进行评价,提出改进意见,使公演能取得更好效果。王校长还叮嘱办公室工作人员通知厦大饭店送来夜宵,慰劳全体演职人员,夜宵由王校长请客。一会儿,饭店送来了一箱厦门三丁包,大家吃好还剩许多,由我带回芙蓉四楼(数理系男生宿舍)与班上的同学分享。

1985年,我因公到厦门出差,曾去母校探望患病的张鸣镛教授,此时王亚南校长已去世多年。作为一名曾经的厦大学子,我悲痛之余又深感骄傲自豪,这里有我敬爱的恩师们!他们崇高的人格魅力,激励着学子们去追求崇高的理想:"师者,人之模范也。"

数学宿星的陨落*
——悼念数学家张鸣镛教授

1986年5月12日,我尊敬和崇拜的老师张鸣镛教授因病逝世,犹如灿烂明星陨落一般,令人无限惋惜!老师年届六十辞世,闻者无不哀叹过早。老师的学问博大而精深,若其生命可以延续,拥有更多的时间,一定会有更多卓尔不群的研究成果问世。老师早在浙江大学数学系求学时,就是才华出众的优秀学生。其工作后也是教学科研兼优,在函数论、位势论、近代分析等众多方面,均有非凡建树,为我国当代数学发展作出了突出贡献,是我国数学家中一颗耀眼的宿星。

1985年,我从上海到厦门出差。到母校厦门大学后,在时任厦门大学数学系党总支书记谢德平的陪同下,探访了重病在身的张老师。我那时已知老师患了重症,又年事已高,多年不见,怕他认不出来,赶紧自报姓名。出乎意料,老师精神记忆俱佳,一道炯炯有神的目光射在我的脸上,亲切地向我问好,他还记得我和李家元同学说过相声。老师要我介绍上海高校的情况,我知道他对复旦大学、交通大学甚是关心,所以特别介绍了我所了解到的有关复旦大学数学学科建设和师资情况。他一边听一边说着自己的见解,从近代数学发展到教学科研相结合。他还是那么乐观,思维敏捷,甚是健谈。他的神态和上课时一样,微仰着头,挺直了脖子。趁老师去洗手间的间隙,我低声询问张夫人曾僖女士有关老师的病情,张夫人沉痛地说,他已经频频咯血,病情十分严重。我感到一阵心酸,眼前突然模糊起来,脑海中涌现出了1958年在厦门郊区的劳动情景。别看老师上课时西装革履,仪表堂堂,在

---

* 原文编入周勇胜、吴炯圻主编的《"数学王国"忘我的耕耘者——纪念张鸣镛教授诞辰80周年》,厦门大学出版社,2007年版,230-231.

劳动时他抢挑重担,拉平板车掌控车头,俨然像个老把式。当时他三十出头,身强力壮,在劳动过程中总是悉心照顾着我们这些学生。我们在车后推车,看到老师汗流如雨地压住沉重的车把,于是大家尽力抬高后部以减轻老师的压力,此时,师生间的会心一笑使我至今难以忘怀。有一次,拉砖头几个来回,大家又累又饿走不动了,老师付钱请我们在路边小店吃碗汤面。在劳动之余,听张老师讲数学史是一大乐事。老师盛赞德国著名数学家希尔伯特,认为他既是伟大的学者,也是伟大的教师。希尔伯特在第二次国际数学大会上提出并讨论了 23 个未解决的问题,这对 20 世纪数学发展产生了深刻的影响。以希尔伯特、克莱因为首的哥廷根数学学派,群星灿烂,桃李芬芳,充分展示了教学科研一体化的丰硕成果。我们当时听得入神极了。

我在任厦门大学话剧团团长时,常去麻烦老师借西服演戏。老师总是非常热情,叫我们自己挑自己拿。有一次西装上沾了油彩,我慌慌张张地道歉,老师嘴角上挂着微笑不在意地说没关系。

我和德平兄怕老师说话太累,赶紧告辞。老师却执意送到门外,当我回首时,只见老师微仰着头向我们挥手。此情此景,历历在目,永存心中。

深切缅怀郑权教授*

郑权在原上海科学技术大学数学系的教学科研建设中，作出了重大的贡献。

郑权调来上海科学技术大学后，积极展开对总极值理论和方法及其在控制论中的应用与微分对策的研究，取得了很好的成果。这种理论和方法已被应用于非线性观测、系统辨识和最优控制之中。为此，他曾获上海市、国家级科技进步二等奖，获加拿大科技理事会的国际科学交流奖。

郑权在任数学系主任期间，注重教学科研的一体化，注重师资的培养，注重学生的全面发展。他以身作则，担负着繁重的研究生教学和指导任务。他以最快的速度调配人力物力，筹建应用数学教研室，并不失时机地让新专业招收本科生和硕士研究生，直到批准创立"运筹学与控制论"博士点。

这样，数学系在以郭本瑜为核心的计算数学博士点的基础上，又新增了以郑权为核心的另一博士点，形成了全系中青年教师认真教学、抢挑重担、又在科研中攻坚克难、争取丰硕成果的蓬勃发展局面。

一个名气不大、缺少权威的数学系，在不长的时间里，依靠中青年的力量，发展成拥有三个有规模的教研室、拥有两个博士点、拥有两份全国发行的数学刊物的规模。全系发表的论文，无论数量和质量，都得到了外界的关注和好评。全系教师获得的学校级、（上海）市级、国家级奖励，也是十分突出和难能可贵的。这一切，自然是大家做出来的，但郑权和校、系的规划领

---

* 原文编入涂仁进编的《数学家郑权——科研和教育的拓耕者》，上海大学出版社，2021年版，第326页。

导,确实发挥了出色的作用。

　　郑权教授生活简朴,刻苦自强,心胸广阔。无论酷暑还是严寒,他都坚持锻炼身体。他体格健壮,手劲特强。越是好友,越怕与他握手。他患病早期,我们去医院看望他,医生说他像运动员,全身都有肌肉。然而,不幸的是,病魔夺去了他的肌肉,最后夺走了他的宝贵生命。他虽然仙逝了,但他的音容笑貌仍历历在目,永存我们心中!

回国选购礼物的变化*

我有较多的出国机会,有组团出国、因合作研究出国、学术假出国等。退休后,我也曾多次出国探亲。每次回国,都有一件乐此不疲又难以运筹的事,那就是为家人亲友选购小礼物。

1989年春,我作为团长带领上海28个大、中型企业厂长、经理赴日本福井研修实习。后因工作需要我提前独自回国,在东京逗留时,西铁城公司派两位代表陪我参观银座的大商厦。日本友人劝我多买些家用电器、化妆品、时装之类带回上海,送给家人和亲友。我因囊中羞涩,而且日本物价出名的高,于是在琳琅满目的商品中匆匆走过,并宛然谢绝了他们的好意。他们大概误解我以为档次不够高,他们又陪我去金银宝石和古董市场参观采购,我颇为尴尬,均以不识货不懂行为由再三谢绝了。第二天我在中国留学生的陪同下,到京和免税商店选购了一些便宜的小商品和两件家用电器,回旅馆整理行装后直奔成田机场。到机场后看到不少来日本工作的同胞回中国,几乎每人的行李都接近超重,随身携带的也是大包小包。

1998年夏,在美国工作的女儿、女婿和可爱的外孙女送我到美国亚特兰大乘日航班机到日本转机回中国。登机前一天,我们拜访了我的老同事——后来移居美国的一对教授夫妇,告别时教授夫人买了10包1.5斤1包的美味美式巧克力糖果,1包送我,9包分送他们的国内亲友。她说美国巧克力蛮有特色,上海一般很难买到。我的托运行李重量已到极限,两个箱子除美国正宗牛仔服和旅游鞋外,从皮大衣到皮鞋,从羽绒服到内衣内裤,从风衣到衬衫T恤衫,大多是中国制造。回过神来,我决定随身携带这包蛮

---

* 原文编入于信汇(名誉主编)、鲁雄刚主编的《霜叶流丹》,上海大学出版社,2011年版,第195-197页。

有分量的巧克力。当日航飞机在东京降落后,我在入关时还遇到日本海关人员要检验的麻烦。

2004年夏及2007年夏,我和妻子两次去美国探亲,同胞们在往返国际航班这一独特的风景线上发生了巨大的变化。随着我国改革开放和祖国建设事业的蓬勃发展,人民生活水平提高了,国内市场也逐渐国际化,外国有的中国大体都有了,所以回国人员的行李少了,行装漂亮了,所带礼物尽管依然以中国制造为主。我们曾在回国前买了一台多功能的传真彩印机,后来听说在上海商场中早就有了,而且国产的传真彩印机质量也不错、价格更便宜,于是赶紧退货。原来想在美国买一台笔记本电脑,听朋友介绍说上海电脑市场很是兴旺,于是决定回国后在国内添置。

真正的变化是民族自信心的增强。我国举世瞩目的经济成就和几亿人民的脱贫奇迹赢得了全世界人民的尊敬,人们常用一种亲切和信赖的声音呼唤着中国。2007年5月,我和妻子从拉斯维加斯启程去大峡谷,赶到出发点时三辆大巴士已坐好了游客,势在即发。当组织者得知我们来自中国上海后,他大声呼唤着"China! Shanghai!"三位司机都来邀请我们上他的车,一些游客一边响应着"China! Shanghai!"一边还高举着大拇指。此情此景使我们感动极了。

出国人员在国外常受侨胞的中国情结的教育。华侨们为祖国的辉煌成就深感自豪,认为这是从盛唐以来中国发展得最好最快的时期。他们对我国综合国力的空前提升有着不一般的切身感受,他们把国家的富强放在民族兴衰、华人饱经沧桑和受尽屈辱的历史长河中去比较去体验,他们懂得祖国的稳定和繁荣是对他们最大的安慰和呵护。他们认为国内时下的种种困难和失衡是前进中的产物,一个充满希望的国家就一定有克服艰难险阻的智慧和实力。侨胞们的自信心和爱国心的高涨进一步激起了我对党对祖国的热爱之情。每当我乘回国飞机飞临祖国广袤千里的大地时,心头总要涌起一股游子归家的热流。这股深情和热流的内核是希望,是信任!是对党对国家的希望和信任!对于每一位中国公民来说,也是对创造美好未来的自信。有一位哲人说过,这个世界是用自信心创造出来的。我想,中华民族和平崛起的自信心的升华,正是献给中国共产党90周年诞辰最珍贵的礼物!

老 年 述 评

有老年人自称老朽,虽是谦辞,但让人联想到衰老与陈腐,还有老头子、老婆子等。当然,老年人的尊称也不少,但都离不开一个'老'字。如何看待这个'老'字呢?日本思想家池田大作在其"人生箴言"中有一段话真是发人深省:"'老'的美,老而美——这恐怕是比人生的任何时期的美都要尊贵的美。老年或晚年,是人生的秋天。要说它的美,我觉得那是一种霜叶的美。"季羡林先生评价说:"我特别欣赏这一段话,我读了以后,陡然觉得自己真'美'起来了,心里又洋溢着青春的活力。"

人生进入老年才到了一生的关键期。一生志向,晚节尤重。一生的历程,一生的学识和经验的积累,一生的坎坷风霜和幸福顺畅,都要在这里反思总结并传承发扬。老年是人生丰收的岁月。叶剑英诗句写得好:"老夫喜作黄昏颂,满目青山夕照明。"

古今中外的专家学者,大器晚成者不乏其人。明代著名医药学家李时珍从34岁开始编写巨著《本草纲目》,以毕生精力,广搜集采,实地考察,亲历实践,历时27年终于编成这部科学巨著。全书190多万字,所作札记有1 000万字。为了调研,他行万里路,采访上千人。他甚至动用儿孙三代之力,才完成这部对后世药物学有巨大影响的传世之作。

另一位大器晚成的是德国的物理学家伦琴。他青少年时因被诬告而被中学开除,但他自强不息,坚持学习,并于1865年进入苏黎世工业大学学习机械工程。他长期废寝忘食地实验探索,终于在50岁时(1895年)发现了X射线,轰动世界。由于谦虚,他不愿以发现者的名字命名,而是借用数学未知数X称其发现的电磁波为X射线。1901年,他成为历史上首位诺贝尔物理学奖得主。大器早成者固然可羡可贺,而大器晚成者的精神尤为可敬可嘉。

至于活到老、学到老、生命不息、奉献和为人民服务不停的老年大军,更是不断涌现。颇有启示的是,随着社会的发展,即使老年的界线稍有后移,老年人的队伍仍会扩大,他们的潜力就能发挥更大作用。例如,诺贝尔奖获得者、美籍华裔物理学家杨振宁(2015年放弃美国国籍,成为中国公民)、李政道、丁肇中以及我国药学家屠呦呦,均已到耄耋之年,仍与时俱进,依然活跃在学术界和教育界。他们为祖国的科技事业和人才培养作出了重要的贡献。2019年,杨振宁获"求是终身成就奖";发现过新粒子的丁肇中,现在又孜孜不倦地寻找宇宙中的暗物质;屠呦呦获大奖后,又带领团队攻坚克难创佳绩,2019年9月17日,她和于敏、袁隆平等人一起,被授予"共和国勋章"。国家勋章和国家荣誉称号的获得者,多半是老英雄、老专家学者。这充分说明,老年不仅有霜叶之美,更有夕阳一般的光彩夺目。

有很多优秀的普通劳动者、工匠艺人、教师医生和名人专家,都有一个绩寿双佳的老年时期。他们既健身又健心,既养生又养性,懂得心宽助长寿、生命在于运动的道理。他们始终怀着一颗为人民谋幸福的心,保持身心健康,珍惜光阴,不懈努力,在平凡岗位上造就了不平凡的事业。

我国老一辈功勋模范和著名科学家,都有一种光荣传统。这一优良传统就是:胸怀祖国,淡泊名利,忘我贡献,奉献终生。

伟大导师马克思是所有老年人的光辉榜样。单以完成不朽名著《资本论》来说,在恩格斯的合作下,马克思用时40年,阅读过约1 500种有关书籍。为了研究俄国经济,精通多国文字的他,在50岁时发奋学习俄文。他在晚年因研究经济和逻辑需要,又积极研究数学,并写出有科学价值的数学论文。他在夫人和女儿相继去世后病倒了,一直到逝世前夕,还在推敲《资本论》的手稿。马克思首先是一位革命家,但也是一位科学巨匠。他的知识极其渊博,而且文理兼优。他一生的时间都用于战斗和学习,他的伟大学说永远造福于全人类。

神奇的黄石国家公园[*]

  盛夏,乘车沿着美国艾奥瓦、南达科他州高速公路奔驰,两旁是一望无垠的玉米地和牧场。两天后,终于在夕阳下抵达位于怀俄明、爱达荷和蒙大拿州交界处的黄石国家公园。夏季慕名而来的游客特别多,公园周边旅馆均已爆满,我们不得不租下一座山顶小别墅。晚餐烧了一锅炒面和一锅罗宋汤,尽管香气四溢,但因长途劳顿而胃口不佳,全家三代六口尽早安睡。凌晨二时许,妻子将我唤醒,要我细听敲门声,我们赶紧去阳台朝下探望,看到一团黑东西缓缓离去,辨认后发现是一只黑熊。我突然想起管理员的交代,此处有熊出没,熊不伤人,但嗅到食物香味会来光顾,他建议我们把全部食品放入冰柜。黄石国家公园的稀奇动植物是一大奇景,想不到第一晚就有了这样神奇的经历。

  上万个温泉、300个间歇泉,这是黄石国家公园最独特的奇观。闻名于世的"老忠实泉"不知何年何月开始喷发,距其被发现至今已有一百四十多年。它恪守规律,每隔51~120分钟喷发一次,平均间隔92分钟,喷射高度为30~55米。那天约有1 000人静坐等候,它喷发时带着奇怪的响声和灰白色的蒸气或热水柱,蒸气、热水柱由小变大,由低升高,当腾空到最高点时,它仅可在须臾之间保持高度,然后逐渐下落、平静直至消失。据说每当寒冬朝阳升起时,它的喷射最为壮观。此外,其他众多喷泉都冠以象征性的名字,如女巨人、城堡、孤星等,它们各具特色,相映成趣。

  黄石国家公园的峡谷也很奇特,峡谷内的"玻璃悬崖"及"石化森林"名不虚传,峡谷色彩绚丽,谷壁以橙黄为主色。这个峡谷的规模自然与科罗拉多大峡谷无法比拟,前者长约24千米、深约400米,后者长约349千米、深约

---

[*] 原文编入于信汇(名誉主编)、鲁雄刚主编的《霜叶流丹》,上海大学出版社,2011年版,第2页。

1 800 米。黄石国家公园占地约 9 000 平方千米,环山公路把众多景点连成便捷之网,即便如此,我们花上几天也只是走马观花,许多森林、瀑布、溪流、温泉、悬崖、河湖都是驱车掠过而已。黄石国家公园坐落在落基山脉中,主要由山脉和高原组成,海拔约在 2 000 米以上。那里是野生动物的天堂,熊、鹿、羚羊、野牛等出没于林中或草滩,难得的是水面上常有沙丘鹤、天鹅等成群翱翔。行进中又见一只棕熊爬在高高的树干上,一群游客举着相机等它下来,但左盼右盼它就是纹丝不动,车越聚越多,险些造成交通堵塞。

我对黄石湖情有独钟,这是一个碧蓝的静悄悄的高山湖。湖的长、宽分别约为 32、23 千米,平均水深约 42 米,最深处可达 100 米。高山湖海拔高,一般来说,湖底深不可测。湖上景色迷人,四周一片宁静,倘若轻舟荡桨其间,或快艇惊破湖波,都别有一番情趣。

黄石国家公园的南面是大蒂顿国家公园,为了不虚此行,我们也驱车环游了一圈。大蒂顿国家公园风貌和黄石国家公园相仿,但山更高,鸟更多,野牛成群,森林愈加茂密。那里的高山湖边,有许多小艇成多行排列,俨然像个小码头。湖水接近深蓝色,盛夏季节也是凉风习习,确是垂钓和划船锻炼的绝好场所。

黄石国家公园的管理颇佳,偌大一个公园处处整洁,运筹有序,条理井然。这个公园是在 1872 年被正式设立为保护野生动物和自然资源的国家公园,是世界上第一个国家公园。经历一百多年的变化和发展,现在,黄石国家公园的奇观和美景每年吸引着上百万来自世界各地的旅游者,他们在那里休闲度假,探索大自然的神奇魅力。

诗 二 首

登上鼓浪屿的日光岩*

一个风清日朗的中午,
我挂着满脸的汗珠,
登上了呵,日光岩!
一群少年在指点着远舟。

我欣然站立在岩沿,
迎接我的是一阵柔和的海风。
碧空的云彩哟,
嵌衬在碧蓝的海水上空。

呵,鼓浪屿的美姿,
你活像个大海中的女神!
一幢幢咖啡色的丽舍,
起伏在绿丛青翠之中。

眺过银带似的港湾,
我俯瞰了厦门的风光。
码头、沙滩、高楼、风帆,
融合得像一朵灿烂的蔷薇花。

---

* 原文发表于厦门大学《新厦大》,1955(12)。

厦门岛的迷人秀丽,
鼓浪屿的醉人幽香,
一样是女神般美貌相映,
也一样似门神般屹立祖国门槛!

上海科学技术大学校歌歌词[*]

薄明的晨曦,
洒满旖旎的校园。
火箭般的校标旁,
鲜花争艳雨花竞放。

我们和我们的学校,
风华焕然。
面向现代化,面向世界,
面向未来发展。

艰苦奋斗是建校的传统,
求实进取是办校的风尚。
这里是抚育建设者的摇篮,
这儿有培养创业家的土壤。

我们和我们的学校,
任重道远。
立志改革,勇敢登攀,
迎来桃李芬芳。

科学技术是探索的海洋,
振兴中华是航行的罗盘。

---

* 原文发表于《上海科学技术大学》校刊,1987。

这里是抚育工程师的摇篮，
这儿有培养科学家的土壤。

薄明的晨曦，
洒满旖旎的校园。
呵，上海科大！
迈开面向未来的步伐。

洛杉矶盖蒂博物馆观感

盖蒂博物馆是一座颇具特色的博物馆。它富有艺术特色、建筑特色、花园特色和服务特色。这些特色又相得益彰、组合得十分和谐,给参观者留下难忘的印象。我的参观只能是走马观花,因为大量的古典名画和珍贵艺术品的鉴赏需要深厚的专业知识。名副其实的观花也是这座博物馆的特色,到处是名花名草,中央花园下部的400棵杜鹃花构成鲜花的迷宫,而南岬的仙人掌花园一片金黄,再加上一万棵以橡树为主体的树木,把博物馆簇拥在绿丛青翠之中。

艺术品是博物馆盖蒂中心的珍藏和来宾的浏览重点。馆中收藏着17世纪以前、17~19世纪以及19世纪以后的艺术品。艺术品可分为名画和其他艺术品两大类,它们分别陈列在东南西北四个馆的一和二楼。比如西馆二楼展有画家David为拿破仑的两位侄女所绘的姐妹图,此图体现了画家的敏感和同情心;又如北馆二楼陈列的圣母玛丽亚加冕图,此图展示了画家Gentile画功精湛、技巧成熟稳重和珍贵彩料的结合;至于维纳斯和阿多尼斯的油画,历来有不同版本,但画家Titian的作品在表现这一爱情悲剧时,用准确的构思使依恋不舍之情分外感人。雕刻、装饰艺术、摄影等大多在一楼展览。一些横跨两个世纪的珍宝,比如有精致插图的中世纪书籍、Van Gogh绘的生机盎然的花画、模仿中国工艺品风格的陶瓷古挂钟、9~16世纪的彩绘镀金手稿等都收藏在盖蒂中心。

博物馆的建筑设计出自Meier大师之手,他在304万平方米的丘陵地带上,将建筑的现代主义风格和古典材料相结合,创造出既开阔又细腻、既大气又诙谐的艺术天地。试想,在兰花的幽香和紫薇怒放的青葱植物间,你乘电车一路向上,穿过花树绿丛,就隐约看到位于山顶的盖蒂中心。值得一提的是,覆盖中心大部分面积的石料是石灰华岩,每个石块都能钩住固定,在发生地震时石块可以安全移动。另外，油画照明由天窗与电脑控制的百叶窗、配合人工的色泽形成，来宾可在自然光下欣赏作品。

博物馆的服务和设施可称一流。用餐方面有餐厅、自助餐厅、咖啡室、咖啡车和野餐区，设备技术方面有藏书 80 万册的研究图书馆、广场阅览室、一个多功能礼堂（演讲、电影、表演、音乐会等）、家庭室、书店、残疾人的音量放大电话和 TTY(Teletypewrite)电话、语音机（能为三百多件艺术品提供语音说明）、手语翻译、助听设备、大字版本等，问讯方面备有专业服务人员、志愿者和各种馆内参观资料、各楼层的大幅方位图以及按天和按月的活动时间一览表等。

这是一座典型的艺术博物馆。它的建筑和花园都是艺术化的，它的服务更是人性化、艺术化的。

白 兰 花

我曾住过的小楼花园里,有一棵风光旖旎的白兰花树,至今令我不能忘怀。它是我妻子的珍爱。她把它从小养大,施肥浇水,精心养护,不知换了多少花盆,也不知修剪近百次还是除虫数百回!每当寒冬临近,她总要腾出地方让它移居室内;每当我们外出探亲或旅游,她总会把它"寄养"在花友家中。历经12年,它已长成亭亭玉立的模样儿,柔软的树叶四季碧绿。每年七、八月,它盛开的白兰花吐露着沁人心肺的幽香。这种幽香虽不浓郁却颇具渗透力,香气传遍邻舍,更使我家弥漫着淡淡的芬芳。此时,为邻里和亲友送上白兰花,便成了热乎乎的景致。

白兰花是一种夏花。就木本花卉而言,它和石榴花、杜鹃花、茉莉花、栀子花等在夏季开花展艳。白兰花花色洁白,其花苞呈长橄榄状,而其香气无比幽雅,历来是各类女性的襟花和房中佳物。有的女子还喜将白兰花戴在发髻上,凡此种种,不仅美观,又能御瘟灭菌。从古至今,暑热之时,白兰花、栀子花的叫卖声总是让人心旷神怡。虽然栀子花、茉莉花也受百姓喜爱,也常用作襟花和切花,但白兰花的洁白无瑕和清远香泽,让人们感受到外柔内刚、潇洒淡雅的气质。

近代在防治精神和神经方面的疾病时,往往用上我国传统的芳香疗法。白兰花精油含有的松油、氧化芳樟醇等多种物质,都有抗菌作用。同时,白兰花幽香又能使人产生舒适感和愉悦感。白兰花不仅可以起到保健和缓解疲劳的功效,它还能净化空气,改善环境。试想,在烦躁的盛夏热浪中,人们既需要心静,也乐于嗅到白兰花清新缥缈的香气,慢慢消除疲劳,改善身体不适。

白兰花和许多名花一样,不仅是一种香花,还是一服良药。

初游佛罗里达

圣诞节刚过,我们从赴美探亲住地俄亥俄州克利夫兰市举家南游,车到佐治亚州后,一路风雪无影无踪了。黄昏时分,抵达佛罗里达州的中部城市奥兰多,住进了预约好的旅馆。旅馆距肯尼迪航天中心、迪斯尼世界很近。次日早晨,我想先下楼一睹奥兰多的风光,刚到底楼接待大厅就迎来一群不同肤色的游客对我展现的友善笑容。环顾四周后我发现,他们一律身穿T恤短裤或短袖夏衫,与我的西服正装形成了鲜明的反差。我和大家打过招呼后快步走出门外,一股热气扑面而来,树梢上的朝阳正逐渐红火,满地都是斑驳陆离的映影。哦,这就是著名的阳光半岛佛罗里达!

更衣轻装后我们直驶迪斯尼游乐园,这个游乐园和洛杉矶迪斯尼游乐园是美国两个大的游乐园。我的外孙女随即拥有了主导权,我们在她的带领下尽情地在古今科技世界和神话迷宫中流连忘返。游乐园设计者的独具匠心和丰富想象力令人叹为观止。游乐园中的中国馆颇有气派,360度的环形宽频银幕上播放着中国雄伟的锦绣河山。压轴节目是在湖中的若干小艇上燃放五彩缤纷的烟火,烟火结束后,来自世界各地的上万游客有序离去,此时已是午夜,小外孙早就在推车里熟睡了。第二天我们参观了肯尼迪航天中心,特别是航天飞机和登月舱的外形实体展出,还有登高眺望发射台那高耸云端的结构,不仅使人震撼,而且使人浮想联翩。

在奥兰多一天休闲游后,当薄明的晨曦洒向好不容易清凉的大地时,我们已驱车继续南下了。我和妻子都问一大早赶去何方?女婿女儿抢答:佛罗里达州最南端!佛罗里达群岛!在佛罗里达一望无际的热带平原上奔驰是何等惬意,大路两旁的水池和深邃茂密的森林大树上彩花绽放,红、黄、紫、白、橘色的花儿千姿百态又芬芳和谐。路边果园也不罕见,枝头挂满椰子、芒果、鳄梨、榴莲等,长得特别饱满水艳,让人忍不住多看几眼。大道上,度假车来来往往,有旅游大巴、中巴,有各式房车、轿车,保持车距快速行驶,偶尔也有堵塞发生。年轻男女驾驶的敞篷车和摩托车总是在快道上一溜烟而过,少女们飘舞的金黄色或黑色长发在阳光下熠熠生辉。当我们两次看到水塘里出没的鳄鱼时,我惊呆了,心想若非汽车穿过而是步行走过,该多危险!鳄鱼是凶残的动物,特别是它长久潜伏、伺机攻击的耐性令人不寒而栗。

  因时间关系我们只能从旅游文化名城迈阿密附近驶过,错过了一大旅游亮点。但遗憾的心情很快被大西洋的浩渺风光取代了,佛罗里达南端许多小岛由一座座桥串联起来,据说有 42 座桥,桥的两边是烟波缥缈的大西洋。那天海面上风平浪静,海天一色,美景如画。小岛上设施良好,很多住户都是车艇两备,因为这是著名的度假胜地之一,小别墅自然房价不菲。傍晚,我们到达终点站——佛罗里达州最南端一个称为基韦斯特岛的小岛,这是美国大文豪海明威生活过的地方。海明威代表作《老人与海》《永别了,武器》《丧钟为谁而鸣》等均为世界文学名著,他的《老人与海》曾获 1952 年度"普利策奖",1954 年他又获"诺贝尔文学奖"。岛上有海明威故居兼博物馆,因我们到达时间太迟未能参观。晚上,我们在岛上一家海鲜馆品尝了加勒比风味的佳肴,喝着热带水果酒,啃着酸柠檬味的当地派饼。真难忘那里浓浓的异国风情!

我的青少年和恩师

1938年，我出生在江西省上饶市婺源县（那时婺源属安徽徽州六县之一）一个有三百多年历史的中医世家。我家历代经营一家中药铺，名为"张万兴"。我伯父张殿芬是县里的名医，在店堂中有专席搭脉诊断。因家规医术只传长子，我父亲张佩文只能充当药剂师的角色。我4岁时，伯父丧偶后娶了新伯母，在她的挑唆下，伯父借口我父母子女多，提出分家。我父亲不同意，两兄弟大闹一场。在亲友调解后达成协议：祖宅大部分和多半不动产归伯父；祖传药店"张万兴"归父亲经营，而伯父另开一药店取名"张万春"。我父母靠着这金字招牌，同时经营部分西药，把生意做得风生水起。虽然无坐堂医生，凭老店名气，顾客人数不减当年。

据说，我家中医名声在曾祖父时达到高峰。他曾用一根长银针救活了孕妇及腹中胎儿两条人命，此事轰动全城。到了我们这一代，因伯父独子虽老实厚道，却迟钝无才，无法继承父业。分家后，不可能传于我父之子。这样，伯父之后，医药世家就逐渐没落了。

我在故乡上小学和初中时，由于贪玩不用功，学习成绩一般。遇到考试，都是"临时抱佛脚"，靠记忆力强、背功好、小聪明应付，年年升级。1951年我初中毕业。那一年婺中高中停办停招，大多数初中毕业生都去景德镇考高中或读浮梁师范。我有舅舅及表哥在安徽省歙县工作，所以决定去徽州升学。

当年从婺源去屯溪无公路，我只有靠步行，我走过三百多里路，翻越五个峻岭，我虽然空手跟着购物脚夫，但起早摸黑连续走三天，每天行一百多里，对当时仅13岁的我来说，以前从无此经历。等我到达歙县时，舅舅听后都惊讶不已。因为劳累过度，我整整一周都是昏昏沉沉，吃了饭就睡，仿佛睡不醒。从此，13岁的我离开了家乡，离开了父母，为了升学走上了艰苦自强的征途。为了考上好的高中,当时在歙县政府工作的表哥,为我联系歙县一中,破例让我进入一中初三班补习一年。

这一年的补习,是我人生的转折点。我远离了故乡的玩友和亲人,开始过独立的寄宿生活。我从懵懂状态快速进入发奋自强阶段。我很幸运,遇到了我的恩师——语文老师兼班主任罗奋先女士。罗老师是少先队辅导员,她鼓励我参加少先队,教我跳集体舞,鼓励我认识新同学融入新集体。

我在歙县一中的第一篇作文写的是"故乡的月光",我怀念故乡朦胧的山和清澈的水,特别是在朦胧的月光下,那幽静的铺着青色石板的街道和儿时各种美好的记忆。作文抒发了我的乡情和亲情。我得到了罗老师的热情鼓励和良好评价,她不但在上课时对我的作文公开给予好评,还开始指导我课外阅读,有计划地借多本文学名著让我细读,无微不至地关心着我的学习和生活。这一年,我的学习成绩突飞猛进,语文和数学成绩名列前茅,其他课程也大有进步。班里有的同学打算报考有名的杭州高中,但罗老师建议我报考屯溪郊县的休宁中学,休宁中学高中只收男生,它的前身是安徽省第二中学。1952年秋,我考取休宁中学。休宁中学校风纯朴,名师云集,是皖南名校。我经常给罗老师写信,向她报告我的学习情况和心得。当我去歙县一中看望她时,发现她把我的信贴在她住处的墙壁上,信中有的句子被红笔画线标出。我看着她那秀丽慈祥的眼睛,忍不住热泪盈眶。

三年高中,是我刻苦学习、进展迅速的时期。我仍然保持着数学和语文的优势,其他功课也学得不错。我的语文老师先是在上海从事新闻工作、而后返乡任教的名师,名为周起凤。他西装革履,整洁文雅,颇有绅士风度。他上课字正腔圆,板书端正,从容不迫。他对我的学习比较关注,作文评语鼓励有嘉,常有"好好执笔,前途无量"等好评,他也指导我们阅读中国和西方文学名著。周末或假期,我喜欢一个人躲到学校后山上看书,这里安静,不受干扰。有一次,我不过读了某名家的几篇作品,竟在自选作文中论其艺术风格,受到周老师的严厉批评。老师说不可不自量力,不可好高骛远。此后,我接受教诲,量力而行。毕业考试作文,题目是"怎样把青春献给祖国",多数同学写论述文,我却用抒情文来写,文情并茂,得到老师赞赏,考分获全年级第一名。

我高中时的数学老师孙传方,也是徽州的名师。孙老师学识高超,三言两语就能把一道数学问题讲透。他喜欢问题教学,首先把问题剖析透彻,然后解决方法就显得非常自然。有一次,我好奇地问老师角的三等分问题,老师说这个古希腊几何难题,已被证明单用直尺圆规是不能解决的,不要在这里浪费时间,要尊重科学,要学习科学史。在杭州市考大学时,孙老师亲自带领我们从徽州到杭州市报考。考数学那天,我较快考完就走出考场,一眼就看到孙老师焦急的眼神。他埋怨我为什么早出来,为什么不多看几遍。我回答已经做完,已经检查过,并且把有关考题及解答告诉老师,这时孙老师才放心地露出笑容。

两位恩师都希望我报考他们钟爱的专业。最终,由于当年在"学好数理化,走遍天下都不怕"的影响下,我报考了厦门大学数学系。无论我读什么专业,走向何方,总能深深体会到师恩浩荡。老师教我们学问,教我们做人。我们应当义不容辞传承老师志向,为培养全面发展的人才而忘我耕耘。

初中师生合影,左一为罗奋先老师,左二为张荣欣

高中同学合影,右一为张荣欣

厦门大学数学系 1955 级毕业班全体团员合影,第二排右起第三人为张荣欣

专家挚友来鸿评价

《世界名人录》*述评

张荣欣男,1938年4月生,江西省婺源县人。

上海大学教授。1959年毕业于厦门大学数学系。曾任上海科学技术大学教务处长、高等教育研究室主任,上海大学成人教育学院院长,中国运筹学会理事、上海高等教育学会理事等。长期担任本科生和研究生导师,从事现代控制理论与应用研究、随机过程的应用及随机微分方程的应用研究。先后在国内外学术刊物发表论文30多篇,在高教刊物发表数十篇教学研究论文。独立或与人合作完成科研成果8项,科研成果多次获电子工业部、上海市和校科技进步、科技成果奖。多次获教学优秀一等奖及上海市教学优秀成果奖。曾作为团长组团访问过日本,在西班牙马德里进行合作研究以及访问过美国若干大学,领导的教务处于1994年被评为全国先进教务处,1992年经国务院批准享受政府特殊津贴。

---

* 《世界名人录(新世纪卷)》,世界人物出版社,中国国际交流出版社,2000年版,综合篇。

《中国专家》述评*

  张荣欣,上海大学运筹学与控制论教授、成人教育学院院长。1938年4月生,江西省婺源人。1959年毕业于厦门大学数学系。曾任原上海科学技术大学教务处处长、高等教育研究室主任,中国运筹学会理事,上海高等教育学会理事。

  张荣欣长期从事本科生、研究生教学和现代控制(主要是线性滤波、自适应滤波,非线性滤波)的理论与应用研究、随机过程的应用及随机微分方程的应用研究,成效很好。他曾主讲过8门以上课程,1986年后主要指导硕士生论文。他多次获校教学优秀奖。在担任教务处长期间,他对学校专业结构调整、教学管理、教学改革、基础建设方面进行了大量的工作,原上海科学技术大学教务处于1994年被国家评为先进教务处。1989年作为团长带领近30名上海大、中型企业厂长、经理赴日本研修实习。1990年赴西班牙马德里综合大学进行合作研究。独立或与人合作完成科研成果8项,主要项目为在国内外首次运用随机过程理论研究小模数渐开线圆柱齿轮在固定和可调中心距下传动精度计算方法,研制了两个部级标准。科研成果多次获电子工业部、上海市和校科技进步、科技成果奖。他先后在国内外学术刊物上发表论文三十多篇,1989年以多篇教学研究论文获上海市教学优秀成果奖,在高教刊物正式发表多篇论文、得到上海高校及有关专家的广泛好评。鉴于张荣欣的工作业绩,1992年经国务院批准享受政府特殊津贴。

---

* 《中国专家》,专刊文献出版社,1996年出版,第555页。

上海交通大学教育专家宓洽群先生对张荣欣的教学研究论文的评价摘要

张荣欣同志《论高校自然科学课堂教学质量》一文，提出了评价科学课堂教学质量的四个指标，分析了目前评价工作中的三种形而上学的倾向，从而为这个众说纷纭、较难解决的问题提出了一个比较全面的看法和可资提供的解决办法。

另外，文章提醒教师不要忽视课堂教学中那种"无声无形的科学性"，即思维的逻辑性，这一点颇有新意，有利于引导教师在教学中注意培养学生的思维能力。

张荣欣同志在《试论创造精神与创造能力的培养》一文中，以一个教育工作者的满腔热情为培养学生的创造精神与能力呐喊，使人读后受到革新精神的感染。他指出，教者满足于传授，学者满足于接受，而置创造精神与能力的培养于无足轻重的地位，这是切中时弊的。他引用科学史实说明学和创的相辅相成，提出不能等到学"成"了再去创，这一点是颇有见地的，也打中了当前高校师生的思想症结。关于创造能力的培养，文章论述比较全面，从教学观、教学内容、教学方法到教师素质、考试评分制度，为当前高校的教学改革提出了不少深刻的见解和可资采用的建议。虽然没有涉及实践教学环节在科研中培养学生创造能力这些高校培养学生的重要方面，仍不失为一篇比较全面的总结性的好文章。

全文行文流畅，富有文采，引证贴切，使人读了开阔心路，受到启发。

1982 年 3 月 4 日

张荣欣教授大学时的二三事

李家元*

张荣欣教授的论文集面世了，有论文、论说、游记、诗作、图片等，既有数学研究成果，也有教书育人心得，诗文其中，犹如群雕，容量泓而趣味异，文理兼蓄，斑斓纷呈，实为作者数十年之厚积也！

1955 年至 1959 年我与张荣欣同窗于厦门大学数学系，尽管时隔一甲子，作者的举手投足、言行举止仍会跃然纸上，信手拈来二三事以飨读者。

大家都知道，数学是逻辑严密、高度抽象的理科之冠，张荣欣虽也伏案苦思，但并非是死读书，而是学得很灵活、很自如，也许是天资聪慧吧，他在学好专业的同时，能努力做到全面发展。

大学时代的张荣欣是全校闻名的文艺活动分子，我是厦门大学校学生会文化部部长，张荣欣是校话剧团团长。当年大型话剧《青春之歌》风靡全国，地处前线的厦门十分闭塞。张荣欣力排众议，决定排演《青春之歌》并任导演。他潜心研读史坦尼斯拉夫斯基体系，遴选演员，派人到上海把《青春之歌》的剧照、布景效果资料购置回来，整理成导演笔记，就这样白手起家，硬是把《青春之歌》成功搬上了舞台，在厦门等地公演，好评如潮。厦门市领导、文艺界及新闻媒体给予了充分肯定，他们更惊奇地发现该剧导演居然是一位数学理科生。张荣欣不仅导演了很多话剧，本人也时常参加演出。有一次我们参演的话剧，获得了全校一等奖。

张荣欣的口才一流，当年与我搭档出演相声，蜚声全校。他曾为学校运动会担任主持，即兴解说比赛实况和进程，妙语连珠，口若悬河。当王亚南校长得知张荣欣是数学系的学生时，大为感慨地说："文理兼通啊！文理兼通

---

* 李家元，浙江大学副教授。

四幕话剧《青春之歌》演员组留影，二排右起第一为张荣欣

啊!"正如王亚南校长所说,张荣欣的确是一位文理兼通的人才,理自不必说,文的才华除他本人的爱好外,更多的是得力于他孜孜不倦对文学艺术的求索。远自荷马、但丁、莎士比亚,直至文艺复兴时期的歌德、巴尔扎克、托尔斯泰等人的名著,张荣欣都有涉猎。我清楚地记得,课余之时,张荣欣总是手捧各种文艺作品潜心阅读。对于中国近代的文学作品,张荣欣更是如数家珍。厦门大学中文系的学生都戏称他是诗人。从张荣欣论文集中的"上海科大校歌"及诗作"登上鼓浪屿的日光岩",就可窥见他文艺功底之深厚。

大学时代的张荣欣,在体育场上也是一名佼佼者。他是校体操队队员,在单杠、双杠、跳马、自由体操等项目上都有不俗的表现。作者强健的体魄为工作中取得如此多的业绩打下了坚实的基础。

我敬佩的人

王绳绳*

张荣欣教授,是我敬佩的人。

张荣欣教授在退休前,我和他并不相识。张荣欣教授在四校合并前,一直在嘉定老科大做教学工作,曾当了七年的校教务处长,而我是在延长路工业大学毕业留校的。2002年,我从上海大学校工会调到继续教育学院任副院长,而他作为新上大成立后首任成教学院院长,已经在三年前退休了,所以我们之间从未在一起工作过。2005年后,我兼管了学院工会工作,每年的敬老节,就会组织退休教师外出活动。我们去过辰山植物园、金山枫泾古镇,还跨出上海到南通、扬州考察旅游。张教授是一个开朗大方、性格活泼的人,与他在一起,不会感到寂寞。他兴趣广泛、知识面广,喜欢与人交谈,一路参观旅游,有着说不完的话。他在介绍景点的特色、当地的风土人情等,讲的有声有色,好像就是我们团队的编外"导游",给大家带来很多欢乐,给我的印象就是一个学识渊博、见多识广的知识分子。我曾和张志成副院长一起去过他家,那时他居住在上海大学宝山校区对面的锦秋花园,那个房子是在20世纪90年代房改初期购买的,一个筒子楼式的三层小别墅,他和夫人杜卧薪老师热情地接待我们。他带着我们参观每个楼层,给我们介绍房子装修的构思和特色。这幢房子虽有三层,但每层的面积不大,我仿佛还记得,底楼是厨房和客厅,二楼是卧室,三楼是他的工作室,每个楼面错落有致,构思合理,装修得精致实用;有一个小院子里栽种了一些花草,打扫得十分洁净。他热爱生活,也会享受生活,有着乐观向上的人生态度。

后来,我也在成教学院退休了,并担任了退休党支部书记。我们都在一

---

* 王绳绳,上海大学继续教育学院副院长、副教授,退休党支部书记。

个支部里,见面的机会就更多些。张荣欣教授是一个组织观念很强的人,无论是每个月一次的组织生活会,还是参观活动,他都积极参加,准时到达。那时他家已搬迁到离学校很远的浦东,路上要乘公交再转乘两路地铁,单程就要两个多小时。每到冬季,他都是天不亮起床,赶来参加活动,回到家里要下午三四点钟,风雨无阻,长年坚持,真是难能可贵。张荣欣教授关心国家大事,对党中央发表的重要文章,他都会认真学习。张荣欣教授理解、支持党和国家的相关政策,始终与党中央保存一致,在组织生活会上,他总是积极发言,畅谈自己的学习体会,积极宣传党的方针、政策,全身充满了正能量,在党员中起到良好的示范作用。张荣欣教授是一个责任心很强的人,有一次,支部组织"纪念改革开放40周年"座谈会,他是指定的发言人之一,他为此作了精心准备。而恰巧前一天晚上他突感身体不适,头晕发烧,照理他打个电话,告知原因,请假就行了。但第二天一早,他让夫人陪护,由儿媳开车,毅然来到了学校并作了精彩的发言,完成支部交给他的任务。新冠疫情爆发后,教师们宅家抗疫,用实际行动抗击疫情,学校曾两次组织党员自愿捐款,张教授每次都是支部里捐款数最多的,这是他爱党爱国情怀的体现,表现出一名老党员自觉为国家分忧解难的思想境界。张荣欣教授还是我们继续教育学院退休教师微信群的热心群友,为了让老年人身心健康、开动脑筋、提高兴趣,他经常会在群里发一些谜语竞猜。曾有一段时间,他隔些天就推出一期,每期都有十来个谜语,有成语迷、字迷、人名迷、地名迷等,五花八门,大家饶有兴趣,这样推出了十多期,他不时还介绍一些猜谜的方法和形式,有些还是他自己创造发明的新谜语,只要大家喜欢,他就热心服务,为此深受教师们的赞扬。

张荣欣教授在八十高龄后,精心编辑了他的文集,准备在上海大学出版社出版。我从手机里先看到了电子版本,共有二百多页,真不容易啊,我为他的这种精神所感动,为他点赞!

文集里有他在数学和高等教育领域长期工作和研究中发表的几十篇论文,他的数学论文奥秘之深,我根本看不懂。但我想收录的这些文章,一定是他的得意之作,在这些神秘的数学符号里,能看到他为此研究所作出的艰辛努力和他享受到的乐趣。都说学数学的人特别聪明,逻辑性强,有钻研精神,这很符合张教授的性格特征。他想要做的事,就一定会想办法做成,他那种活到老学到老的优秀品质,难道也与他数学出身有关?张教授长期在教学第一线教书育人，也曾在高校教育管理岗位上工作和研究，在高教管理领域有着丰富的实践经验，这些论文的发表，是他的研究成果和经验积累。他的研究项目所获得的奖励证书和专家们高度赞誉的评语，足以说明他研究的价值所在。张荣欣教授为国家高等教育的改革和发展，作出了他的贡献。

文理兼备是张教授的显著特点，不仅理科是他的专长，他的文科也是出类拔萃的。文集中有他写的纪念述评和旅游写作，这些文章让人有一种赏心悦目的感觉。文章内容生动丰富，结构特征合理，语言新颖清爽，用最赞美的词语来形容也不为过。张荣欣教授有着深厚的文学功底，他曾在厦门大学学生会演出四幕话剧中，担任导演；也曾为上海科学技术大学写过校歌歌词，这些经历，令人刮目相看。

让我们期盼张荣欣教授的文集早日出版，期盼更多人欣赏到他的佳作！

后　　记

　　我如释重负,深深吐出一口气,祝贺本书就要付梓出版了。作为一名做具体工作的编者,我特别要感谢张荣欣教授对我的信任和他为此书的艰辛付出。我也要感谢上海大学继续教育学院和上海大学出版社的大力支持。同时,对于各位专家学者和作者的同事好友,在百忙中为本书提供宝贵评论和阅后感表示诚挚的谢意。

　　纵观全书,细细品读,对我说来是一次很好的学习机会,同时也受到了一次深刻的教育。从我整理张教授的文稿、资料、照片、奖状和专家评论等,到一字一句打印出来并再三校对,我的最大的感受是,张荣欣教授是一位名副其实的好教授,这样的好教授越多越好。

　　张教授教过基础课、专业基础课和教师进修课。他开设过七八门课程。其中为物理系教过高等数学、工程数学,为数学系教过概率论与数理统计和随机过程,为应用数学专业教过现代控制论的数学方法。1977年之后为全校部分理工科教师开设几乎覆盖全部工程数学的课程。无论他上什么课,都广受学生欢迎,他举行过校级观摩教学。他常熬夜备课,讲究教学方法,授课时几乎不看讲稿,经常穿插些数学发展史实,语言准确又生动。听他的课,学生都想靠前坐,总觉得时间过得快。上教师进修课时,为了让教师们多学点,为了把失去的时间补回来,他实行三节课连着上,下课铃响不休息,有事可悄悄离开,教师们精神饱满,听得有滋有味,受益匪浅,教学效果反映很好!

　　他曾获得校级教学优秀一等奖三次,上海市优秀教学成果奖一次。他热爱教育事业,热爱学生,并在教学和教学研究上取得出色成绩,在学校和市级教育刊物上发表过二十多篇论文,受到高教界好评。同时,他还拥有坚实的数学专业基础,不仅积极开展科学研究,还积极同其他专业的专家合作,开展数学应用研究,取得很好的成果,曾获得国家级及部级二、三等科技进步奖和多次校级奖励。他提倡教学和科研一体化,他主张教学和科研的结合。1992年,为了表彰他对国家事业的贡献,国务院特发政府津贴并颁发证书。

1984年,因他在教学和教学研究上的成绩受到关注,学校调他任教务处副处长。他考虑再三,为了提高学校教学水平同意任职,但坚持在数学系继续上课并任硕士研究生导师。不久,他晋升为教务处处长。在专业调整、专业和课程建设、校风学风建设、学分制实施等诸多方面取得可喜进展。在他的全面负责下,原上海科学技术大学教务处于1994年被评为全国先进教务处。同年,新上海大学经四校合并后正式成立,张荣欣教授任成人教育学院首任院长。张荣欣教授在理顺体制、强化管理、全面提高继续教育教学质量方面取得了相当好的发展,使上海大学成人教育学院成为上海市成人高等教育发展的前沿高地,为该院的后继大发展和取得更好成绩,打下了坚实基础。

上海交通大学教育专家宓洽群先生评价张荣欣教授时说:"他以一个教育工作者的满腔热情为培养学生的创造精神和能力呐喊,使人读了感到革新的感染。"又说:"他提出,教者满足于传授,学者满足于接受,而置创造精神和能力的培养于无足轻重的地位,这是切中时弊的。""他引用科学史实,提出不能等到学成了再去创造,这是颇有见地的,也打中了当前高校师生的思想症结。"

原上海科学技术大学在1984年授予张荣欣教学优秀一等奖时说:"他多年来承担繁重的教学任务,开设过七门以上课程,教学效果突出。近几年来,他在发现式和研究式教学方法、培养学生自学能力和研究能力方面做了尝试,受到学生欢迎。"凡此种种,都证明了张荣欣教授始终把培养学生能力特别是创造力,作为教师的毕生职责。他不但是这样写的,也是这样去做的,这是十分难能可贵的。

退休后,张教授继续以一名共产党员的身份严格要求自己,虽然已是高龄,仍积极参加党支部活动,关心国家大事。他知识渊博,文理兼优。以前被称为"学者型院长",现在仍坚持活到老学到老。他撰写了不少文章,读后感到催人奋进。为了让老年人开动脑筋,他经常用解数学题和猜谜语两种形式,去丰富退休人员的生活。

其实，张荣欣教授的退休生活，也是一篇富有启发性的文章。我们看到老知识分子的爱党爱国情怀，看到他们老骥伏枥的精神，都觉得十分感动和可喜可贺。让我们祝贺张教授健康长寿，老当益壮，寿比南山！

吕　辉

2022 年 8 月 27 日